比尔·奈 的 科学 "大" 世界

[美] 比尔·奈
[美] 格雷戈里·莫内 / 著

刘颖 / 译

江苏凤凰美术出版社

今天的你还是学生，明天就将推动科技进步和工程发展，为地球上的所有人创造更美好的未来！

图书在版编目（CIP）数据

比尔·奈的科学"大"世界 /(美) 比尔·奈,(美)格雷戈里·莫内著；刘颖译. -- 南京：江苏凤凰美术出版社，2023.10
书名原文：Bill Nye's Great Big World of Science
ISBN 978-7-5741-0245-3

Ⅰ.①比… Ⅱ.①比… ②格… ③刘… Ⅲ.①环境保护 Ⅳ.①X

中国国家版本馆CIP数据核字（2023）第071433号

著作权合同登记图字：10-2020-560

策 划 统 筹 朱 婧 王 璇
责 任 编 辑 奚 鑫
责任设计编辑 樊旭颖
装 帧 设 计 宸唐工作室
责 任 校 对 高 静
实 习 校 对 王佳铭 崔秀璇
责 任 监 印 生 嫄

书　　　名 比尔·奈的科学"大"世界
著　　　者 ［美］比尔·奈 ［美］格雷戈里·莫内
译　　　者 刘　颖
出 版 发 行 江苏凤凰美术出版社（南京市湖南路 1 号　邮编 210009）
制　　　版 江苏凤凰制版有限公司
印　　　刷 鹤山雅图仕印刷有限公司
开　　　本 889 毫米 ×1194 毫米　1/16
印　　　张 15.5
版　　　次 2023 年 10 月第 1 版　2023 年 10 月第 1 次印刷
标 准 书 号 ISBN 978-7-5741-0245-3
定　　　价 198.00 元

营销部电话　025-68155675　营销部地址　南京市湖南路 1 号
江苏凤凰美术出版社图书凡印装错误可向承印厂调换

本书里介绍的各种实验和材料可能有毒、有害或有其他危险，我们建议儿童务必在成年人监督下开展上述活动。

目 录

"科学"是什么？

▶ **环顾四周。** 也许你正坐在椅子里或床上，身边有盏电灯甚至燃气灯；也许你正坐在树下晒太阳或野餐；也许你正坐在车后座，而你的爸爸妈妈正开着车四处转悠。你看到的这一切——椅子、长凳和电灯，都是人们利用科学设计和发明的。即使在现代城市公园里，树木也是人们依据科学计划而栽培的。所以，这个叫作"科学"的概念究竟是什么？科学是我们理解自然的过程。科学还是我们改善环境和改变生活方式的过程。在经历数百年的发展后，科学无处不在，以至于你将它视为理所当然。科学整合了各种来之不易的事实，帮助我们认识这个世界。这个认识过程被称为"科学探究"，它是我们不断深入研究自然的途径。我认为，科学探究是人类迄今为止最棒的点子之一。

你也许已经知道，科学始于观察。你先是注意到周围某种奇怪的东西或现象，然后提出问题：为什么天空是蓝色而不是紫色或绿色？为什么一粒小小的种子能长成参天大树？鸟为什么会飞？飞机飞行是不是依赖于同样的科学原理？鱼怎么呼吸？为什么自行车上的一个齿轮似乎比另一个更容易踩得动？接着，作为科学家，你会试着给出解释，也就是我们所说的**"假设 ***"。下一步，你会设计一个"实验"来验证假设：我能让别的东西飞起来吗？比如，纸飞机。将你认为在实验中会发生的事情与实际发生的事情进行比较。然后……再来一遍。这就是科学——从一个又一个的观察，一项又一项的假设，一次又一次的实验，以及一个又一个的结论中发展和丰富。我们会失败、跌倒，但从不停止提问和思考。通过科学，我们认识了世界：在我们眼前和身后的世界，以及更宏大的宇宙——遥远的恒星、星系和奇异的黑洞。每一个关于自然和宇宙奥秘的问题，我们都能找到令人惊叹的答案。我们意识到，还有更多的东西值得我们探索，以及更多的谜题等待我们解开。对我来说，探索科学是最激动人心的事情。

你可能偶尔会遇到一些人：他们不愿思考或接受经过科学家证明的成果。他们大多对科学感到不安。即使面对证据和事实，他们也很难改变自己的想法。你也可能遇到另一种人：他们对宇宙和自然界有无数未解之谜的想法忧心忡忡。请别成为他们中的一员。开动脑筋，积极地认识宇宙和我们所处的世界。通过思考，大力突破人类知识的边界。科学是我们建设未来的关键，是我们幸福安康的关键。科学让我们对宇宙、地球上的生物和我们自己有了更多的了解。

我每天都思考一件事。当我祖父母出生的时候，地球上约有 15 亿人。在我 9 岁时，地球上的人口数量增加了 1 倍，超过 30 亿。而现在，地球上有将近 80 亿人。等你上了年纪，地球人口可能增加至 90 亿甚至 100 亿。为了创造更舒适的生活，我们要提出新的想法和新的方式来理解世界。简单地说，我们需要科学。那让我们开始吧！

> **"假设"** （hypothesis）一词来自希腊语，与"基础"或"深入的想法"有关。

第1章

人体——一台神奇的"机器"

你的身体和我一样，只不过——你是活生生的人体，而我是用铅笔画出的人体示意图。

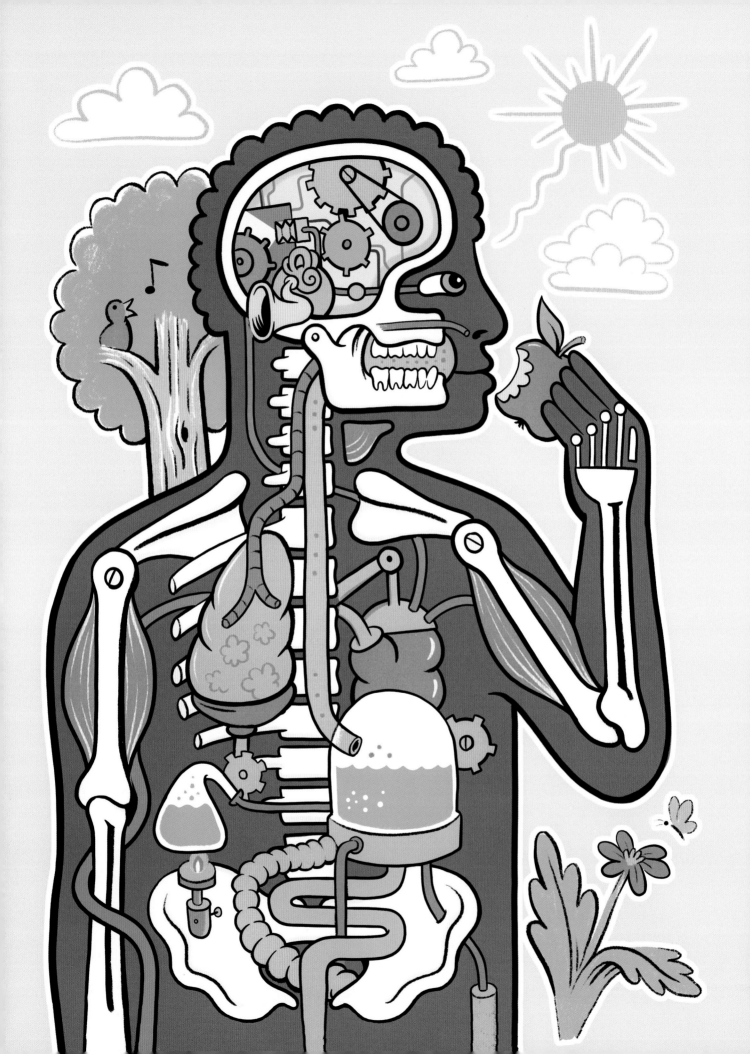

▶ 人体是宇宙中最神奇的"机器"。

也许，人体还是地球上唯一具有自我意识的"机器"。人类同胞们，这就是事实：我们是神奇的，我们是复杂的！我们能思考复杂的问题。我们能走路、跑步、交谈、跳舞和发明机器人。这些思考和活动消耗能量，而能量来源于我们吃的食物：苹果、热狗、麦片和蔬菜。它们把阳光中的能量转化成食物中的能量，从而满足我们的日常需求。我们将在之后的内容中重点讨论阳光、食物和能量。但是现在，我们只讨论"我们"——人类。

在地球上的万千生物中，聪明的大脑是我们最与众不同的特征。我们用大脑解答各种各样的问题，例如地球是如何运行的，恒星是如何诞生的，以及宇宙的规律是什么。

人体由许许多多的"机器"和"系统"组成，它们帮助我们成长、运动、保暖、吃喝、呼吸和保持健康。这些系统都是由细胞组成的。

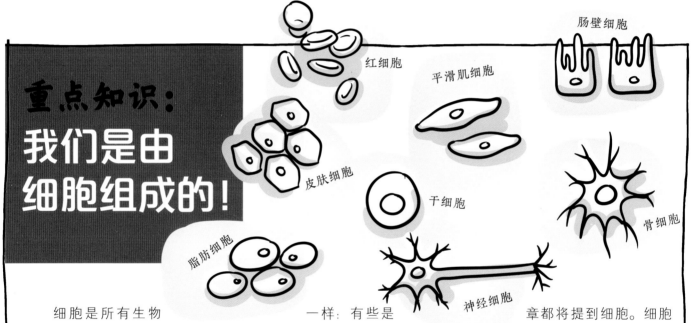

重点知识：我们是由细胞组成的！

红细胞　平滑肌细胞　肠壁细胞　皮肤细胞　干细胞　骨细胞　脂肪细胞　神经细胞

细胞是所有生物的基本单位。大多数细菌只有1个细胞。然而，植物和动物（比如我和你）都是多细胞生物。人体约由37万亿个细胞组成。这些细胞大致分为200个不同的种类，并发挥不同的作用：有些细胞形成骨骼，而另一些则负责思考和储存记忆。红细胞能从肺部吸收氧气，再将氧气送往全身供其他细胞使用，使它们能"各司其职"。白细胞能杀死细菌。细胞的形状也不一样：有些是圆球形，另一些则是扁平状；甚至还有些细胞向不同的方向延伸突触并和其他数千个细胞相连接。细胞很忙——真的很忙。

细胞有独特的"交流"方式。细胞能分裂：一生二，二生四，四生八……细胞携带能区分你我的重要编码——脱氧核糖核酸（DNA）。关于DNA的更多知识，详见第5章。

细胞，说来话长。接下来的几章都将提到细胞。细胞本身是由微型"机器"构成的复杂组合。换言之，人体就是由微型"机器"组成的，而这些微型"机器"由更微型的"机器"组成。不过，我们现在要"拉近镜头"，看清楚由细胞构成的一些重要器官和系统，以及细胞的关键组成部分。准备好了吗？那就开始吧！首先，我们来聊一聊我最喜欢的系统——让我能写出这本书的系统。

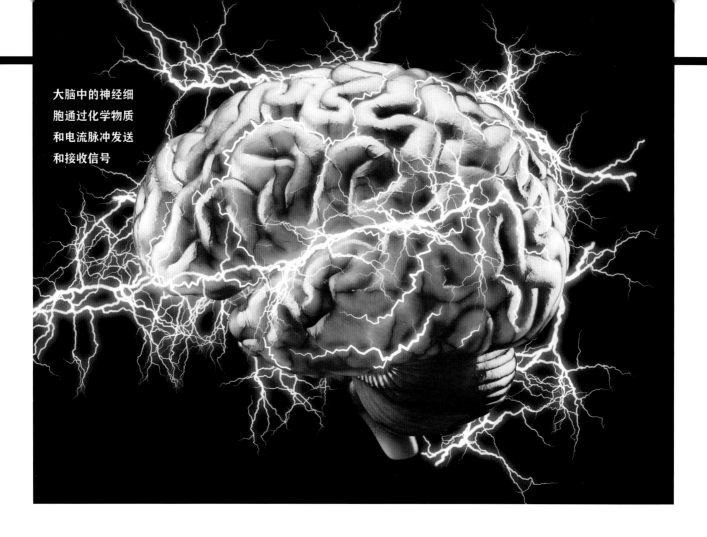

大脑中的神经细
胞通过化学物质
和电流脉冲发送
和接收信号

须知

大脑和神经

▶ 人脑约重 1.5 千克，它储存的信息比
最厉害的计算机还要多。大脑控制着我们的
一切，包括思想、活动和心跳。我们将研究
大脑和神经系统的科学家称为"神经学家"。
神经系统是由神经细胞构成的复杂网络，
遍布全身并在大脑和身体间传递信息。

脑细胞也称"神经元"。人脑中有 860
亿~1 000 亿个神经元。我们无从知晓神经元
的准确数量，因为神经元有许多神经突，有
时很难判断这些神经突的起点和末端——即
使在显微镜下也无法分辨。

神经元的某些机制与身体中的其他细胞
相同，但它们也具有令人着迷的特点。神经

元向外延伸神经突，它们就像智能手机的内
置天线，能发送和接收信号。但与手机天线
不同的是，神经突能释放化学物质和火花状
的电流脉冲。神经元间有联系：每个神经元
可与多达 20 万个神经元相连接！如果将这
些相互连接的神经元比作一团风筝线，那么
这团线弯弯曲曲绕了 20 万圈。想象一下，你
的大脑里有 10 亿团这样的线圈。大脑和神经
组成"神经系统"，神经系统将头部与脊髓
以及身体的其他部分连接在一起。我们的视
觉、听觉、嗅觉、味觉与触觉，都依赖于信
息通过神经系统向大脑传递。

比如，当你乘坐一辆公交车时，身边的

> "我最喜欢的科学工具就是大脑。想象力驱动大脑工作。如果没有想象力，无论你使用什么工具，最后还是一事无成。你需要提问，你也需要时间思考。通过观察和分析数据，我发现了鸟类是如何调节能量的。这一发现已经收录在了教科书里。大脑是我们最好的工具。"
>
> —— 生物学家 黎贝卡·霍博顿

试试这个！
如果手臂不听话

怎么做：

1. 站在墙边或门内侧。
2. 举起双臂并将它们按在墙上。如果你的手臂能够到门的两侧，也可以将它们按在门的两侧。
3. 按压 30 秒。
4. 从墙边或门边走开，并放下手臂。

结果：你的手臂不经大脑指挥便开始摆动起来。你一定想让它们换个动作，但它们就是不听话！这是神经系统在发挥作用。一旦大脑下达了"向门框按压手臂"的命令，神经系统便开始执行命令。即使你可能已经尝试着让手臂停下来，整个过程仍将持续数秒。在你不知不觉间，身体里发生了许多事，尤其是你的神经系统。

人散发出一种难闻的味道。你的鼻子能闻到气味，但只有你的大脑能识别气味并做出反应——换个座位。大脑利用你的眼睛四处观察和挑选座位，接着指挥肌肉让你起身，赶紧换新座位。

神经系统控制睡眠、呼吸、思考、阅读和身体平衡等活动。有些活动是自主的，例如心脏无需你的命令也能跳动。还有些活动需要大脑的直接指令，比如，你必须告诉身体何时起跳、跑步或伸手拿另一块饼干。

我们的大脑里有几百亿个忙碌的神经元

大脑发育需要消耗许多能量。在 10 岁以前，人脑一直不停发育着。这与地球上任何其他生物的大脑都不同；我们也无法将人脑与外星生命的大脑相比较（毕竟还未发现任何外星人）。多数灵长类动物，比如猴子和猿，大脑停止发育的时间更早。大多数动物也比我们更早开始担心生存问题。不过，它们无法调动全身能量来打造一台"超级计算机"——大脑，它们也不需要。它们只需要长出强健的肌肉和骨骼，寻找充足的食物和快速躲避捕食者。人类则截然相反：由于过着相对无忧的生活，大脑得以充分发育，因此也变得越来越聪明，至少大部分人如此。一些科学家认为，人类祖先因拥有更强的大脑而获益颇多——大脑帮助他们在季节变换中生存下来，以及学会合作狩猎。但我们之所以能将生命的前 10 年用来发育大脑而非身体，也许与悉心抚养和照料我们的家人有关。正是由于他们的呵护，我们不需要像其他动物一样迅速地发育出强壮、成熟的身体。用点能量，动动大脑，思考一下，有没有觉得很惊讶？

感谢家人给了我们"大"脑！

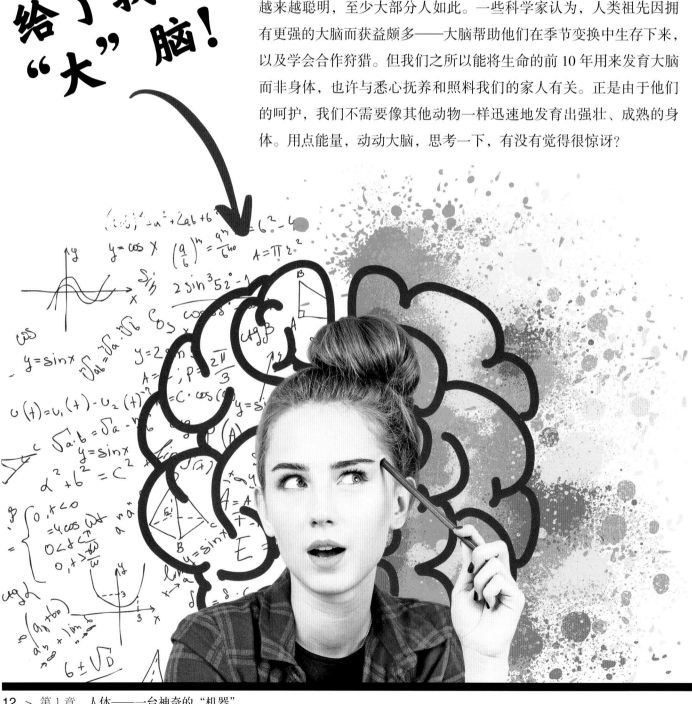

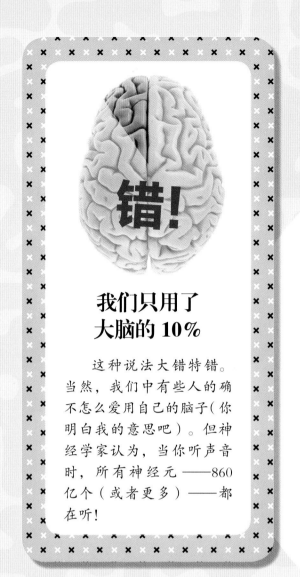

错！

我们只用了大脑的 10%

这种说法大错特错。当然，我们中有些人的确不怎么爱用自己的脑子（你明白我的意思吧）。但神经学家认为，当你听声音时，所有神经元——860亿个（或者更多）——都在听！

脑洞大开！

大脑是可塑的

"可塑"的意思是灵活，具有塑造性。曾经有段时间，科学家认为大脑在童年后就会停止变化，并且3岁孩子大脑中神经元间的连接数量约为成人的两倍。但科学家后来发现，即使成年以后，大脑仍在学习和经历新鲜事物中不断改变。因此，神经元间形成新的连接，而已有的连接也得到强化。这更利于所有相连的神经元相互传递信号，不管我们有多老。所以，永远也别让脑子"生锈"！

奇怪的知识！

饥饿的大脑

繁重的工作使大脑成为"耗能大户"。大脑只占体重的3%，但却消耗身体20%以上的能量。打个比方，你和兄弟姐妹一共20人，你们的父母做了20个三明治。在你还没分到1个三明治的时候，你的一个妹妹就已经狼吞虎咽地吃掉了4个。这就是你的大脑，总在抢走你的三明治。

大部分能量用于神经细胞相互传递信号。你知道大脑为什么能思考、记忆和产生情绪吗？那是因为化学物质和电磁脉冲在几十亿个神经细胞间来回传送。这很累人。好吧，你现在终于有了"思考使人疲惫"的科学证据。即便如此，千万别停止思考。思考的能力是人和其他动物最本质的区别。

酸奶

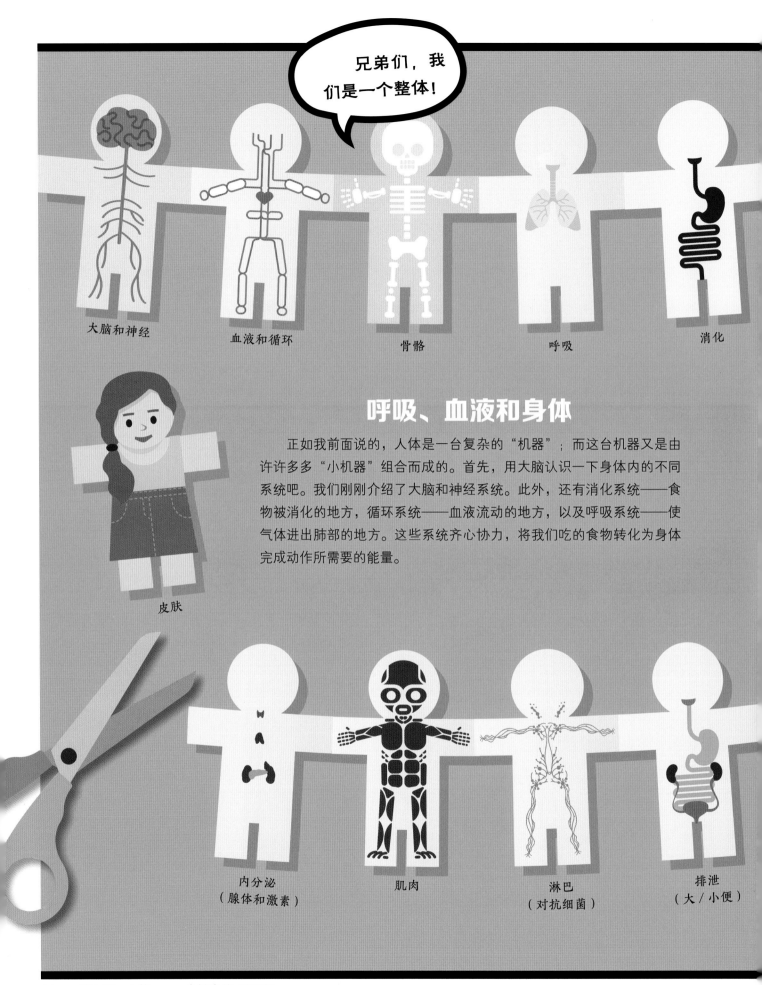

兄弟们，我们是一个整体！

大脑和神经

血液和循环

骨骼

呼吸

消化

皮肤

呼吸、血液和身体

正如我前面说的，人体是一台复杂的"机器"；而这台机器又是由许许多多"小机器"组合而成的。首先，用大脑认识一下身体内的不同系统吧。我们刚刚介绍了大脑和神经系统。此外，还有消化系统——食物被消化的地方，循环系统——血液流动的地方，以及呼吸系统——使气体进出肺部的地方。这些系统齐心协力，将我们吃的食物转化为身体完成动作所需要的能量。

内分泌
（腺体和激素）

肌肉

淋巴
（对抗细菌）

排泄
（大/小便）

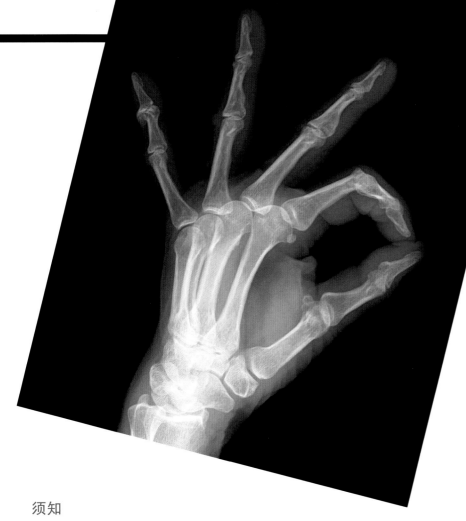

引力，谢谢你——
当你的骨骼和肌肉
进入太空时

你的骨骼一直在生长。引力使它们强壮和健康。而国际空间站内的引力接近于 0，在那里待上一段时间后，宇航员们的骨骼将变得脆弱无力。当他们返回地球时，走路甚至都有困难。当你在地球上站立或行走时，引力在"拉着"你的身体。你的骨骼需要用力"推开"这种力量，才能使你保持直立。骨骼必须工作，只有工作才能刺激骨细胞形成新骨头或吞噬旧骨头。在太空中，人是飘浮着的，骨骼也就无需辛勤地工作，多数骨细胞通过吞噬旧骨而维持生存，几乎没有骨细胞生成新骨。因此，宇航员在国际空间站内经常运动——他们使用特殊的器械向骨骼施力，使骨骼尽量强壮。为了有足够的体力开展日常工作，宇航员每天至少要锻炼 2.5 个小时！

须知

漂亮的骨头

➤ 成人体内共有 206 块骨头。我们刚出生时拥有更多的骨头，有些骨头随着我们长大而融合或连接在了一起。大多数骨头长成了我们的双手双脚。一部分骨头组成肋骨和头骨以保护身体内脏。另一些骨头支撑起身体，使我们能直立，举起和推动物体，跑步和跳跃。但骨头还能发挥一些令人惊讶的作用：它们储存身体中的大部分钙和一部分脂肪，以及生成携带氧气的红细胞和对抗感染的白细胞。

组成骨头的细胞类型主要有三种（也有人说四种，如果你问我，我坚持三种）。有些细胞使骨头保持良好的状态，有些细胞生成新骨头，还有些细胞通过吞噬陈旧老化的骨细胞来促进骨骼的生长及重塑。换言之，你的骨骼并非一成不变——它们不是教室里的骨架模型。相反，你的骨骼总在"升级换代"，就像在故宫博物院修文物一样，当一处色彩补完后，着手修复下一处色彩，日复一日，年复一年。

▼ 在国际空间站内运动

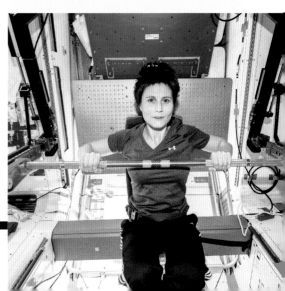

脑洞大开！

非凡的肌肉

如果没有肌肉牵引着骨骼，骨骼也无法充分发挥作用。人体约有 639 块肌肉；依据不同的分类和计算方式，肌肉数量可能多达 840 块。无论哪种方式，肌肉同其他人体结构一样，也是由细胞构成的。但肌肉细胞的神奇之处在于它们能彼此融合并形成细长的纤维。一些肌肉较小，而另一些肌肉就很健壮。

假设我想举起书桌旁这个 10 千克重的杠铃。首先，我手上的小肌肉牵引着手指上的小骨抓住并握牢杠铃。但当我举起杠铃并上下弯举数十次时，大部分动作都是由二头肌里较大的肌肉纤维完成的。

二头肌是伸展在上臂前侧的肌肉，两头分别连接着肩胛骨和前臂的桡骨。当我每天用杠铃练习弯举时，二头肌里的肌肉纤维发生收缩并将桡骨和前臂的其余部分拉向肩膀。当我放下杠铃时，这些纤维会松弛下来，而手臂后侧的肌肉——三头肌将接过"重任"：将前臂从肩膀拉开。在这一过程中，**引力** * 也发挥了作用。

"**引力**"是一种力量，使你的双脚踩在地板上，也使球落向地面。正是由于引力，我们才有"上""下"之分。我将在第 11 章专门介绍引力。

超级英雄背后的科学

在 2011 年上映的电影《美国队长 1》中，科学家为体弱多病的史蒂夫·罗杰斯注射了"超级战士血清"，使他立即成为强大的超级英雄。虽然现实生活中并不存在这类神奇的药物，但科学家已经发现了一种能阻止肌肉过度生长的基因。他们还用小老鼠开展了实验：当这种基因被关闭时，小老鼠就会长出强壮的肌肉。科学家目前正在研究上述方法是否也对人类起作用。当然，科学家不是为了开发出类似于"超级战士血清"的物质。相反，他们希望能研发一种药物来治疗使肌肉衰弱的疾病。

明 星 肌 肉

最忙碌的：

眼肌

在阅读时尤其活跃。

最强壮的：

腭肌

下颌周围的肌肉使我们产生 700 牛顿的咬合力（牛顿：力的单位，详细介绍见后文）。

最勤劳的：

心肌

它日夜不停地跳动，人的一生中，心脏能跳动几十亿次。

最大的：

臀大肌

大腿部的肌肉，它们从每条腿的中部一直包裹至臀部。

最小的：

镫骨肌

我们的耳朵里长着人体最小的骨——镫骨。

本章小结

人体的神奇之处就这么多？远不止这些！免疫系统能抵御细菌和病毒引起的感染，而其他系统分别调节呼吸、消化和循环。我们的肠道内还生存着大量的有益菌群。所以我想告诉大家的是：各位小小科学家，你们就是一台台神奇的"机器"。人类究竟从何而来？为了回答这个问题，我们一同来认识下地球上的其他生物吧。

第2章

动物世界探险记

和动物一起
奔跑、跳跃、
翱翔和滑行！

我们就生活在你和你朋友的身边。我们或在陆地上爬行，或在水里游泳，或在山坡上疾驰，或在天空中翱翔。我们是鸟，是鱼，是虫，是人。你，你的朋友——我们都是动物——既不是显微镜下的单细胞生物，也不是植物。我们可能很大，就像水牛和大象一样；我们也可能很小，就像甲壳虫和蚂蚁一样。说真的，想想看你见过的各种动物吧！而那些也许只是其中的一部分。在人类未踏足的森林和大海，还有其他动物潜藏在那里。这就是你们的任务，小小科学家！

我们将研究动物和不同物种栖息地的人称为"动物学家"。动物学家观察动物的觅食习惯和动物间的行为方式。动物学家还探索人类和气候变化对不同动物产生的影响。人类在帮助动物还是伤害动物？这些问题，以及其他更多的问题，都将决定某个物种是像人类一样在地球上兴盛繁衍，还是像黑犀牛或红猩猩一样濒临灭绝。

关于动物，你要知道的六个重点！

1. 我们能动。

我们会四处寻找食物，结识其他动物和逃离危机。植物就不会动。一棵树哪里都去不了，除非它被连根拔起并移走。一块石头也不会突然滚动或滑走，除非它被推了一下。但作为动物，我们能蠕动、游泳、奔跑、跳跃，甚至飞翔。

帝王斑蝶

电鳗

2. 我们能感知环境。

通过眼睛、耳朵、鼻子、皮肤甚至舌头和脸颊，我们能看，能听，能嗅，能尝，也能感受世界上的一切。电鳗——一种生活在泥泞中的鱼，它能利用电场感知水下的环境。

3. 我们能繁殖。

"繁殖"就是生宝宝的意思。一些科学家称，动物做的每一件事，归根结底，只为实现两个目标：觅食和繁衍更多的后代。

水龟

4. 我们有相同的基因。

据我们所知，地球上的所有生物都能追溯到同一个祖先——同一个古老的生命形式。但动物有别于其他的生命形式，如细菌和植物。即使是截然不同的动物，它们共有的基因也明显多于动物和植物的共有基因。

花栗鼠

红眼树蛙

红蚁

5. 我们靠吃东西为生。

由于我们无法靠自己产生食物，所以我们以植物、其他动物等为食。虽然有些植物的确能诱捕昆虫，但并不常见，而且它们不是动物。

6. 我们都很重要。

即使最渺小的生物也是世界上重要的一部分，因为自然界的一切都是紧密相连的。

我们可以很
庞大

一头蓝鲸可以长达 30 米。蓝鲸宝宝甚至和成年大象一样大。

我们可以很
坚硬

铁甲虫的外壳很坚硬，尖利的针头都奈何它不得。为了研究它的内部结构，科学家甚至得用钻头才能穿破它的外骨骼。

我们可以很
渺小

阿马乌童蛙实在太小了，4 只刚好装进瓶盖里。

脑洞大开！

广阔的生物世界

每种动物都有不同的特征。有些动物有脊椎或脊骨，另有一些动物肉肉的、软软的。还有 6 条腿的昆虫朋友，它们坚硬的外壳被称作"外骨骼"。人类的骨骼却藏在柔软、敏感的皮肤下。

是的，虽然外表不同，但我们都是动物。

我们可以很
柔软

软体的章鱼可以钻进细小的岩石和珊瑚礁缝隙中，因为它没有骨头，全身上下最硬的地方就是嘴。

我们可以很
缓慢

三趾树懒移动1.6千米大约需要6个小时，而这还是在它想动的时候。

我们可以很
迅捷

猎豹奔跑时速度可达100千米／小时，相当于在高速公路上疾驰的汽车。顺便说一下，旗鱼也能游这么快。

> "在海洋和丛林的最深处，有许许多多我们从未见过的物种。由于气候危机的影响，在我们有幸认识它们之前，它们可能就已消失了。我们需要理解动物是如何适应环境的，这样才能知道它们是否能生存下来。"
>
> ——动物学家 艾玛·洛库克利耶夫斯基

兄弟们，我们是一个整体！

动物小课堂

在进食季节，这些庞大的蓝鲸会花上一整天时间吞下大量的磷虾。南极附近的磷虾，体长不过 6 厘米，体重堪堪 1 克。磷虾以海藻为食——海藻是一种微小的绿色生物，生长在海面上漂浮的巨大冰层的背面。一头 150 吨甚至更重的蓝鲸，每天能捕食数千万只磷虾。这是惊人的。地球上最庞大的生物却依赖一群微小的动物为生，而这群"小"动物却与更小的海藻紧紧维系在一起，它们共同生活在地球南部的冰雪家园里。如果有一天，海上的冰块越来越少，海藻失去了适宜的生长环境，磷虾也将失去充足的食物。磷虾数量减少，我们可能就再也见不到蓝鲸了。所以，我们必须保护这个世界，因为我们是一个整体。

一只倭黑猩猩宝宝坐在草地上（摄于刚果民主共和国罗拉雅倭黑猩猩保护区）

须知

为什么有各种各样的动物？

▶ 甲壳虫和倭黑猩猩（一种猿）都是动物。为什么它们的差别如此显著？这是漫长岁月中，一代又一代不断变化导致的。今天在地球上蓬勃生长的生物都经历了各种各样的变化，这些变化帮助它们在特定的环境中生存下来。自然而然地，生存在沙漠、热带雨林、珊瑚礁或海底的生物会千差万别。为了生存，每个物种都必须适应环境。

鱼的尾巴
左右摆动

海豚和鲸鱼的
尾巴上下摆动

你的腿和脚在游泳时
会怎么动？

脑洞大开！

奥运游泳冠军超级慢

　　我们来了解下栖息地如何影响不同物种的游泳能力。奥运游泳冠军迈克尔·菲尔普斯的最高时速约 8 千米。菲尔普斯游得很快，但也只是和人类相比。海豚每小时游 30 多千米，能不费吹灰之力打败菲尔普斯。菲尔普斯的速度并不慢，不过他是人，人类在陆地上进化了数百万年。海豚则相反，它们一直在水里进化，并适应了这片栖息地，它们还为此生长出理想的肌肉和骨骼。当海豚在水下"冲刺"时，它们上下摆动尾鳍，流线型的躯体使它们在水中轻松滑行。所以，当与长着笨重脑袋、宽阔肩膀和瘦弱双脚的人类比赛游泳时，海豚当然能获胜。如果你在沙滩上挑战海豚，或和它们比赛攀岩，你肯定是冠军。

　　" 我从小就对动物感兴趣。我本想成为一名古生物学家，但在 7 岁的时候，我意识到恐龙已经灭绝了。于是我想，研究死去的动物还有什么意义呢？所以，我决定研究动物学。人们现在付钱让我飞到南太平洋和座头鲸一起游泳。这怎么能不有趣呢？"

　　—— 动物学家 法拉克·菲什

从现在起，做个动物学家吧！

如果你不想等到上大学或读研究生，现在就想做个动物学家，你要怎么做？很简单。你要做的就是观察、聆听和探索。

观察

无论你生活在哪里，总有生物是值得研究的。如果你在城市，在窗台或阳台上放个喂鸟器，耐心等待"客人"的到来。如果你有个院子，你可能只需要坐着四处观察。翻开石头，看看那下面有什么。辨认出一种或一群动物。它们是如何交流的？它们在打架吗？为什么打架？为什么它们有这种行为？它们是怎么做到的？

聆听

当你无法仅凭观察就认出某个生物时，坐在户外静静地聆听是个不错的方法。动物学家马克·舍茨就曾通过聆听发现了一种新的蛙。在那个夜晚，他坐在干涸的河床中间。每隔一两分钟，他就听到一种奇怪的声音。这是他从未听过的声音，和这片地区的其他声音略微不同。他慢慢地循声而去，发现声音来自一只小小的蛙——一个尚未命名的新物种。一切全靠聆听！

探索

要研究地球上丰富多样的生物，最合适的地方不在你的小区或后院。你要走出去（当然，得要父母或监护人同意和陪同才行）。带上望远镜穿过树林；套上泳镜和呼吸管沿着海岸线游泳；如果你不想游泳，也可以挽起裤脚去查看水洼、池塘或小溪。走一走、挖一挖，看看是什么在土里爬行、筑巢或滑行。

科学家正在拯救世界

科学家发现，地球在过去的6亿年里经历了5次大灭绝。在每一次所谓的灭绝事件中，都有大量的物种从地球上消失。今天，我们的地球正在经历第六次灭绝。但一些科学家称，这次灭绝不同于以往：物种灭绝的速度是过去的100倍，而人类可能是造成这一切的"罪魁祸首"。人类猎杀大象和贩卖象牙的行为使大象数量急剧减少；由于森林砍伐，红猩猩正在消失；全球变暖和气候变化破坏了北极熊的狩猎环境，对它们的生存构成了威胁；海龟、老虎、鲸鱼、海豚、企鹅和山鹑……越来越多的动物，无论大小，都面临着从地球上永远消失的风险。这种风险令人恐惧。许多动物保护学家正竭尽全力拯救和保护这些濒危物种，并阻止偷猎者对它们"赶尽杀绝"。因此，动物学是一门重要的学科。通过研究这些物种，我们才能知道如何帮助它们。

濒危动物（从左到右，从上到下）依次为：孟加拉虎、河马、金冠冕狐猴、黄眼树蛙、鲸头鹳、高鼻羚羊、欧洲黑蜂、滇金丝猴和树穿山甲

> 66 像天文学家想要探索新的行星一样，我也想发现新的物种。我从小就想成为一名海洋生物学家，或者和我的偶像珍·古德一样，以黑猩猩为研究对象。但我后来意识到，人类对昆虫——地球上最多样化的一类生物几乎一无所知。昆虫研究从未令我失望过，因为总有稀奇古怪的东西等着我去发现。如果我现在就去我的后院里挖洞，我相信，只要这个洞够深，我就一定能发现一个新物种，开启一段新故事。"
>
> —— *昆虫学家 凯特·乌博思*

我的脸上有条蛇！

动物学家格雷厄姆·雷诺兹从小就对蛇十分着迷。当时他正在巴哈马度假，发现了一条被猫叼住的小蟒蛇，这条蛇点燃了他浓厚的兴趣。成为科学家后，雷诺兹研究了加勒比不同岛屿上的物种。有一次，雷诺兹和他的队友前往一座偏远的小岛探险。他们花了一整夜的时间在丛林里搜寻小蛇，之后在沙滩上睡着了。天还没亮，雷诺兹就被一种奇怪而沉重的感觉弄醒了。原来是一条大蟒蛇正从他脸上滑过。雷诺兹慢慢坐起身子并握住蟒蛇，接着测量了它的脑袋和长度，对它的血液取样，并在它的体内植入芯片以便科学家今后追踪它。做完这一切后，雷诺兹放走了这条蟒蛇。这不只是勇气，这是科学！

**动物世界
探险记**

化石战争

古生物学是一门研究动物和植物化石的学科。古生物学诞生于19和20世纪交替之际，科学家们当时为了率先发现新化石而疯狂地竞争。这便是"化石战争"的由来。由于"战况"愈演愈烈，一旦有人有了新的发现，比如头骨化石，他们就会通过立即发表文献或在博物馆里展览来取得名望。他们甚至懒得分辨化石的所有部分是不是由同一个生物留下的。这种疯狂自然导致了不少错误。最知名的一个例子便是"雷龙"的骨架，它实际是由死亡地点相距不远的两种长颈恐龙拼凑而成的——圆顶龙的头接在了迷惑龙的身子上。人们甚至怀疑那个头是假的！今天，有不少科学家称雷龙也许曾生活在地球上。至于这副骨架嘛，世上压根就没有这怪物！

"雷龙"骨架（1918年摄于美国自然历史博物馆）

专业工具

动物学家凭借各种各样的工具来研究地球上的生物。比如卡尺——一种带滑动游标的尺，能准确测量蛇头的大小；折叠包，能帮你小心收集和保存脆弱的昆虫。这些工具和仪器能塞满一整个房间。下面给大家展示我最喜欢的几种工具，既有简单的，也有复杂的。

DNA 取样器

如何判断你发现的新生物真的是个新物种呢？你得研究它的DNA。科学家已经有了各种各样与DNA研究相关的工具。我最喜欢的是一种叫作环境DNA（eDNA）分析的新系统，它能帮助科学家从池塘或湖泊中采集水样并提取DNA，从而断定哪些生物曾在该地区游泳或喝水。没有什么能逃过这种系统的"火眼金睛"。

双筒望远镜

无论是研究已知物种以深入了解它的生存环境和习性，还是寻找新物种，科学家都必须四处观察。双筒望远镜看似"老掉牙"，但它却是探索世界的绝佳工具。

智能手机

现在的手机不只用来安装软件和发帖，还能拍照和录像，将有趣的野兽或昆虫捕捉进画面里。你可以将照片或视频传送至电脑来研究细节。你还能录下鸟叫声。致力于拯救濒危物种的动物学家说，智能手机是他们最强大的"作战武器"。老虎、大象、鲨鱼等动物在世界各地遭到非法屠杀，但普通人可以用智能手机拍下事发地点和证据，发给动物保护组织，这样就能帮助抓捕坏人。当然，要在确保自己安全的前提下再见义勇为。

试试这个！
坚果蜡烛

必需品:

回形针——大一点的更好用

一粒花生、一颗杏仁、一个核桃，或一把坚果

火柴

爸爸妈妈在一旁照看着

怎么做:

1. 弯曲回形针,使其形成一个底座和一个圆环来固定坚果。

2. 敲开坚果,把果仁取出。如果果仁有皮的话,轻轻揉搓使皮脱落。如果你选了一粒花生,就将它一分为二。通常每粒花生有两枚果仁,每枚果仁可分成两半。

3. 将果仁放进圆环里,使尖尖的那一头向上。果仁和桌面呈一定角度。

4. 擦亮火柴,并点燃坚果。

结果: 同普通的蜡烛一样,坚果蜡烛与空气中的氧气相结合而燃烧并释放热量。你和我也是如此,我们将食物与我们吸入的氧气相结合。不同于蜡烛发生氧化反应所需要的高温,人和其他动物能在更低的温度下发生氧化反应,这是因为我们的胃里有特殊的酶。

本章小结

我们没有足够的篇幅来一一介绍现在生活或曾经生活在地球上的数百万种动物,尽管其中有不少令人啧啧称奇。但有一种动物是我特别喜欢的,那就是我们——人类。人类也是动物。我们和其他物种一同生活在生态系统中,但我们与地球的关系独一无二。不同于我们认识的任何动物,人类能有目的地影响和改变地球上的环境。所以,小小科学家们,我希望大家记住:我们越了解动物的生活方式和生存所需,就越能为地球上的每一个物种创造更好的未来。

第3章

基础植物学

它们不会跳舞，
但它们有独特的
"韵律"。

▶ **别翻页，我话还没说呢！** 我明白，上一章讲的是生动可爱的动物，乍一听，似乎有趣得多。猎豹跑得和汽车一样快，雄鹰追捕猎物时，时速可超 300 千米。而植物呢，它们压根不怎么动，或者动起来也不快。

但如果没有植物，我们不可能在地球上生存。

地球在诞生之初，并非宜居之地。早期地球的环境十分恶劣，空气无法呼吸，能迅速毁灭一切生命。很久很久以后，古老的海洋孕育出单细胞生物，它们打破了空气中二氧化碳的化学键，从而释放出氧气。最后，这些单细胞生物将这一"绝招"教给了绿色植物。自那时起，绿色植物便一直在为我们制造新鲜空气。所以，每深吸一口气，你都得感谢这些植物。

你喜欢地球吗，一个你能呼吸又感到温暖的地方？我喜欢。所以，我们得感谢每棵植物。几十亿年来，海洋里长满了植物。这些水生植物将溶解的氧气泡储存在水中，供鱼类夜以继日地呼吸着。大约 5 亿年前，陆地上出现了第一棵植物。如果地球只是一无所有的蛮荒之地，动物就无法生存。正是植物创造了这片肥沃的栖息地，使动物们在踏上陆地后能适应干燥的空气并兴旺地繁衍下去。直至今日，植物也一直在守护这片天地。

脑洞大开！

你是
太阳供能的

就像你吃意大利面、汉堡、麦片和西蓝花等食物来补充能量，在某种程度上，阳光就是植物的"食物"。太阳为地球带来了巨大的光能和热能。植物分别从太阳、空气和地下吸收阳光、二氧化碳和水分，并将三者结合在一起，发生光合作用。这个过程中，植物又向空气释放出大量氧气。

正是因为光合作用，植物将太阳能转化为化学能并储存在自身的不同部位。当我们吃这些植物，或吃以这些植物为食的动物时，我们就能从中获得能量。这一切都来自太阳！食物中的能量以阳光的形式来到地球，所以我们都是由太阳供能的。

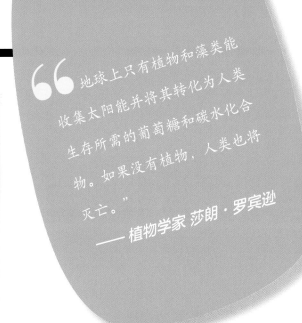

"地球上只有植物和藻类能收集太阳能并将其转化为人类生存所需的葡萄糖和碳水化合物。如果没有植物，人类也将灭亡。"

——植物学家 莎朗·罗宾逊

酷炫科学家

西尔维娅·厄尔

西尔维娅·厄尔是一位著名的海洋学家，还是美国国家海洋和大气管理局的首位女首席科学家。她带领的组织"蓝色使命"以保护海洋为目标。她曾打破深海潜水的世界纪录，发明和驾驶潜水器，但她最初是一名植物学家。厄尔研究了藻类。我们呼吸的大部分氧气其实来自水生植物、藻类和海洋中微小的光合生物。植物学令人震撼。

科学家正在拯救世界

地球上约有 40 万种不同的植物，因此对植物的科学研究——植物学，在方方面面都很重要。植物学家是世界上最有价值的科学家之一。就以当今世界面临的三大问题来看，你也一定认同我的观点。

1. 粮食

我们如何向不断增长的人口提供食物？1965 年，地球上只有大约 30 亿人。今天，全球人口约 80 亿，其中有许多人吃不饱饭。种植充足的粮食并非易事。植物学家正在培育能耐洪水或干旱的农作物。有些植物能抵御对其他植物致命的感染。在气候不断变化时，有些植物可能成为理想的食物。

这一片镜子吸收了阳光，为室内农场温室里的作物提供能量，使它们茁壮成长

2. 能源

人类赖以生存的各种大小机器和房屋都离不开电力。大部分能源由化石燃料燃烧而产生——确切说来，煤、石油和天然气等矿物在燃烧过程中将热能转化为电能。为获取化石燃料，我们必须在地下挖掘或从海底泵出。当这些燃料燃烧时，向空气中排放成吨的二氧化碳，使地球温度一再升高。朋友们，我们有必要阻止这一切！

我们必须立即寻找其他方法来获取电力。的确，我们有了太阳能电池，效果不错。但我们希望进一步提高它们的效率，以便将每秒照射到的阳光转化为更多的能量。也许我们能从植物那里"偷学"一些小窍门。

虽然看不见摸不着，但1吨二氧化碳需要14辆集装箱拖车才能装下。或者，1吨二氧化碳能充满一个长、宽、高和美国橄榄球门柱尺寸一样的巨大立方体。再想象一下每年有多达几十亿个这样的立方体的二氧化碳涌向天空。

3. 药物

科学家们致力于研发更有效的药物。植物学家通过研究植物产生的化学物质研发了许多新药。毕竟，当昆虫成为植物的"敌人"时，植物也许得采用某种方法来击退昆虫的"攻击"。这样的防御方式能否对人类起效？这是植物学家和医生正在共同研究的问题。

求助

这些严峻的问题不会一夜之间都消失。我们需要求知若渴、斗志昂扬的年轻科学家们踏上征途去研究植物，寻找新药，开发更好的技术来获取能源，想出养活几十亿人口的新方法。你做好迎接挑战的准备了吗？

感谢植物学！
给了我们更多热爱
植物的理由！！

> "人们曾认为植物学家只会外出采集植物而已。我们目前还在研究气候变化、生物进化甚至医学。我们正在培育新的植物。植物学是一门广泛的学科。植物真的很酷。它们从种子开始长起，而且与哺乳动物不同：哺乳动物小的时候需要悉心呵护，但种子能在任何地方生根发芽，不管你将它们带去哪儿。人们发现，3万年前的种子，今天仍然能种植！"

—— 植物学家 E. 汉·塔恩

2. 气候

人类向大气层排放的大量二氧化碳导致地球表面的热量不断增加并引起气候变化。但如果没有植物，空气中的碳元素就无法迅速被海底和土壤吸收，然后再返回空气中。这个过程叫作"碳循环"，所有生物都离不开它。众所周知，没有碳循环，生命根本不可能存在。植物的生长、死亡和再生长维持着碳平衡。植物通过光合作用吸收空气中的碳，并通过根茎、果实、种子、叶子将碳储存起来。如果没有植物，气候变化和全球变暖的速度将越来越快。

1. 粮食

最简单也最直接的一点，植物是重要的营养来源。西蓝花、豆角和芽甘蓝——我全都吃。即使只吃牛排，你还是在从植物中获取营养，因为牛的茁壮成长离不开植物。

3. 土地

虽然植物无法创造土地，但它们能牢牢"抓"住土地。植物的根深深扎进地下，向外伸展，相互缠绕，将土壤固定住。如果没有健康的植物，暴雨和洪水会冲走肥沃的土壤。植物也很顽强，它们能将种子播撒到任何地方。火灾或暴雨过后，总有幸存下来的种子立即生根发芽，吸收碳并恢复土壤。

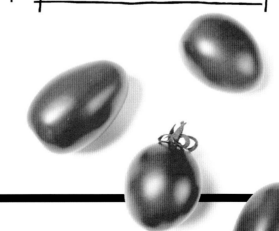

试试这个！
种植生命

必需品：

一包种子
纸杯
小盘子或
小碟子
盆栽土
水

怎么做：

1. 在每个杯子的底部戳两个小孔，使多余的水排出。

2. 将盆栽土放进杯子里，别放太满，距离顶部留下约1厘米的高度。

3. 在每个杯子的土里塞1粒种子，使种子距离土壤表面2厘米。

4. 将杯子置于小盘子或小碟子上。

5. 浇些水，保持土壤湿润，但别浇透。我们不需要沼泽。

6. 给杯子晒太阳。

7. 如果土壤变干了，再浇些水。还是别浇透。

8. 等待2~3周。

结果：听着，我知道上面的操作看着挺简单。但是我认识许多从未用种子种过植物的人。每个人都应该试试。呵护你的植物，确保它有充足的水和阳光。将它放在家里或院子的不同方位，观察它因光线、空气和水吸收量变化而发生的反应。也许你甚至会因此爱上植物学，并找到方法来拯救世界，为了人类拯救世界。

脑洞大开！

我们身边的可怕真菌

植物学家也研究真菌。真菌不是植物：它们无法产生养分来满足生存所需。科学家已经命名了地球上大约144 000种不同类型的真菌。蘑菇是一种真菌。地球上最大的生物是真菌。据我所知，美国俄勒冈州的蓝山上生长着一种蜜环菌，宽度超过3千米。

▲美国国家航空航天局宇航员杰西卡·梅尔在VEG-04B太空农业研究中，采摘国际空间站上种植的芥菜

奇怪的知识！

太空植物

太空奶牛乍一听是个很有趣的想法。但在太空养活一头奶牛绝非易事！所有植物的生长都需要水、二氧化碳、光和多种来自土壤或海洋的养分。多年来，科学家们一直尝试用不同的方法在巨大的轨道实验室——国际空间站里种植植物，他们甚至还收获了绿色蔬菜！如果要去另一个星球，或在月球和火星上长期生活，我们不会送去奶牛。相反，我们将种植植物，为宇航员、太空游客和其他人提供所需的营养。

本章小结

下次见到植物时，记得说声"谢谢"。人类的生存完全依靠植物。我们吃过的每样食物，我们呼吸的每口氧气，都来自植物。人体细胞的运行也离不开植物。没有植物，就没有你我。谢谢，绿色"机器"！

第4章

水下世界

保持对海洋的敬
畏心与好奇心，
这很重要。

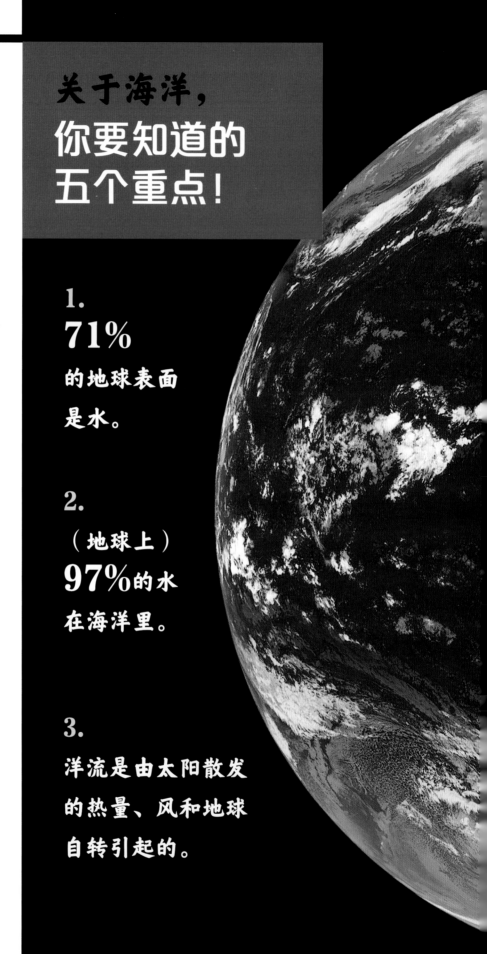

关于海洋，你要知道的五个重点！

地球是一颗"湿润"的星球。海洋约占地球表面的四分之三。

假如你是个外星人，通过一台天文望远镜远远注视着地球，你可能会猜想地球上任何有智慧的生命一定生活在那片水里，所以那些有智慧的生命，大多数一定是牡蛎、鲸鱼或"人鱼"。你是这样想的，对吧？但你不是外星人，你也不是鱼。好吧，你曾经是条鱼，这是下一章的内容——进化，那时我们再深入讨论这个问题。地球上的大多数生物都生活在海洋中，因为地球表面大多被海洋覆盖。

在这一章里，我们将目光瞄准所有流淌在地球表面的水。一些科学家总是认为地球上只有一片汪洋大海。然而，海洋分布在不同的地区，具有不同的特征：北太平洋和南太平洋、北大西洋和南大西洋、印度洋、北冰洋和南大洋。不同的海洋有不同的生态系统，那里也生活着各种各样的生物。

研究海洋的学科被称为"海洋学"。

1.
71%
的地球表面是水。

2.
（地球上）**97%**的水在海洋里。

3.
洋流是由太阳散发的热量、风和地球自转引起的。

4.

洋流携带着对生命
至关重要的矿物质
和营养物质。

5.

海洋总在与大
气交换热量，
从未停歇。

　　我们的生存离不开水。地球上的大部分水
在海里。我们也需要温暖。即使月球上有可呼
吸的空气，我们也无法在上面生存——有太阳
照射的地方太热，没有阳光的地方又太冷！地
球之所以能在过去 12 000 多年拥有如此舒适、
宜人的气候，其中一个原因是海洋吸收了阳光
中的能量并维持热量。当水从海面蒸发时，热
量就被传到了大气中。

　　海洋使地球保持温暖的同时，也防止地球
温度过高。海洋储存的二氧化碳是大气中空气总
量的 50 倍。如果所有二氧化碳进入大气中，地
球温度将迅速升高，使人类等生物无法生存。那
时，地球非但不适宜生活，反而会热得"要死"。

海水运动小知识

　　海水运动是地球上所有生物生存的关键。洋流使水不停地流动，同时也将热量和矿物质送到世界各地。没有洋流，世界将面目全非。海洋学家的工作之一就是研究这些水和热量如何在全球流动。

阳光

　　太阳的照射和地球的自转使海水在白天时保持温暖。但当夜幕降临后，在背向太阳的一侧，地球温度不断下降，热量被释放到大气中并流向太空。海洋在持续的升温和降温中相应膨胀和收缩。这种"热胀冷缩"的过程有助于产生洋流，使海水一年四季不分昼夜地在全球流动。

图例　表层洋流

蓝色箭头：向赤道送去冷水的洋流

红色箭头：向两极送去热水的洋流

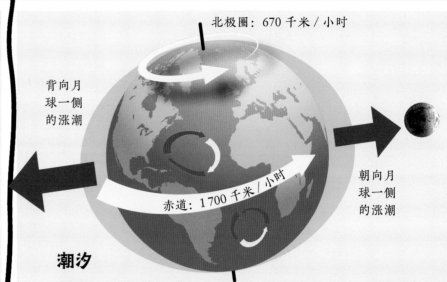

北极圈：670 千米／小时

背向月球一侧的涨潮

赤道：1700 千米／小时

朝向月球一侧的涨潮

潮汐

海洋同时受月球和太阳引力的影响（详见第 11 章）。月球距离地球近得多，月球对地球上海水的引力约是太阳对地球上海水引力的两倍。在月球和太阳引力的共同牵引下，海洋在两处地方发生涨潮：朝向月球的一侧和背向月球的一侧。地球自转使涨潮的位置不断变化，世界各地的海岸因此发生满潮和干潮。当太阳和月亮排成一列时，涨潮最明显，潮水也在最高位。其他时候，涨潮幅度并不大，潮水也较平静。海洋的潮汐运动孕育了重要的生态系统，是数万个物种生存的基础。为了生存，它们在海面和海底、干燥和潮湿间昼夜切换。没有潮汐，螃蟹、蛤蜊和其他生物就无法生存繁衍。

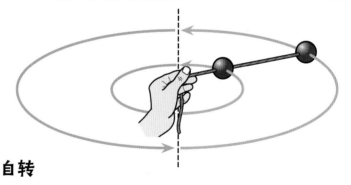

自转

引力将海洋中的每一个分子不停拉向地球中心（也就是我们所说的"脚下"）。想象一下——或者干脆动手试一下，你将一个球拴在绳子上，接着你把球甩起来。绳子越长，球的距离就越远。如果将绳子缩短，球的距离也相应变短，转动的速度同时加快。如果你停止甩动，球就会落下来，绳子可能也缠在你的手臂上。对海水而言，地球自转也是如此。在赤道地区如肯尼亚或哥伦比亚，地球自转的速度要快于远离赤道的地区，如俄罗斯或阿根廷。地球表面各地的自转速度不同，再加上引力的牵引，导致飓风和旋风等风暴。海洋甚至因此形成巨大的环形洋流，海洋学家称之为"环流"。你可能听说过墨西哥湾流——它是北大西洋大环流的一部分。下文会有更多介绍。

风和浪

还有风。风也是由阳光和地球自转引起的。当风吹过海面时，它会裹挟起一些海水。也许你见过水手们所说的"白浪"，这就是风卷起海浪的样子。这些海浪也带动了全球洋流。

图例 　深海洋流
蓝色箭头：高盐度的低温海水
红色箭头：低盐度的高温海水

地球上的深海洋流系统被称为"全球传送带"。

温暖的浅海流

又冷又咸的深海流

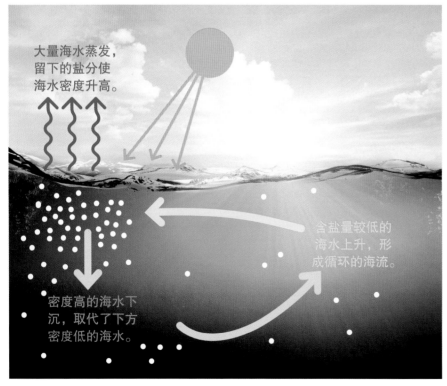

大量海水蒸发，留下的盐分使海水密度升高。

含盐量较低的海水上升，形成循环的海流。

密度高的海水下沉，取代了下方密度低的海水。

盐

　　盐对洋流的形成也很重要。你可能看过冰山的照片。在北极和南极，海洋上方的冷空气足以使水结冰。当表层海水结冰时，水里的盐就留在了附近的海里，使含盐量本就很高的海水密度升高。这部分海水更重，因此流向深海并"挤"走原本在深处的海水。与此同时，含盐量较低的海水流向海洋表面。这一过程产生了巨大的稳定洋流，它环绕整个世界，从格陵兰一直到南极洲。

试试这个！
下沉的盐水

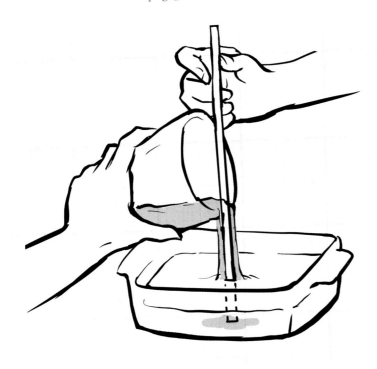

必需品：

盐

水

蓝色食用色素

水杯

透明烤盘

铅笔或搅拌棒

智能手机或照相机

怎么做：

1. 在一杯水中溶解 15 克的盐。

2. 加几滴蓝色食用色素。

3. 向烤盘里加一半的水。

4. 将蓝色的盐水沿着铅笔或搅拌棒缓慢倒入烤盘里。

5. 注意！每隔半分钟拍一次照。

6. 以实验为背景，给自己来一张"科学家"自拍照。

7. 多拍几张照片。几分钟后，将混合物倒进下水道里。

结果：你注意到什么没？当你在水中加盐时，水的密度会升高。盐水下沉到烤盘底部并留在那里。这就是海水流动的驱动力——"热盐环流"。但为什么密度高的海水不像你做的实验那样静止在海底呢？好问题。这是我接下来要讲解的。

脑洞大开！

橡胶鸭子
和丢失的鞋子

1990 年，太平洋的海浪掀翻了载有 6 万双鞋子的集装箱船。不出 8 个月，其中一些鞋子就被冲到了美国俄勒冈州的海岸上。一年半后，越来越多的鞋子"现身"夏威夷。1992 年 1 月，一艘驶往美国华盛顿州的货轮在太平洋上遭遇强风暴，装着 2.9 万只橡皮鸭子和其他沐浴玩具的集装箱坠入大海并破裂。接下来几年里，这些鸭子纷纷在南美洲、阿拉斯加甚至澳大利亚出现。通过这些鸭子和鞋子，科学家们加深了对全球各地洋流的了解。我很好奇，现在有没有人正穿着这些"环游世界"的鞋子呢？

海洋小课堂

内波改变海面洋流

潮汐
河流

巨大的内波

内波

荒漠与水世界

在某些海域，降雨十分频繁；但在另一些区域，几乎从不下雨。这些海洋荒漠被蒸发的水分多于降雨带来的水分。换言之，它们的水都去了天空。即使如此，海平面也几乎没有什么变化，这是因为其他地方的海水总在向这里涌来。

凸起和下陷

海底许多地方是隆起的，形成高耸的海底山。海底分布着数万座这样的山脉，海面在海底山上方微微凸起，而在深海峡谷和海沟上方稍稍下陷。正是由于这细微的变化，科学家通过测量海面高度就能绘制海底地图。不用看海底，他们也能对那里的地形了如指掌！

水下波

在海洋深处，温度略高、密度稍低的表层海水与下方温度低、密度大的海水交汇的地方，水下波沿着冰冷的深层海水翻腾。水下波，顾名思义，就是水下的波浪。海洋表面的波浪大多由风和气旋引起。那么，是什么导致了水下波的形成？科学家认为可能是由潮汐在远离海岸的地方影响海洋运动而导致的。

爱尔兰的棕榈树

广阔寒冷的西伯利亚和冬暖夏凉的爱尔兰西南海岸与赤道相隔的距离相同。西伯利亚的冬季冰天雪地，叫人无法外出；而爱尔兰西南海岸却生长着喜欢阳光的菜棕。这是为什么呢？原因就是"大名鼎鼎"的墨西哥湾暖流。它的一股分支沿大西洋顺时针流动时，将赤道温暖的海水送往北部和东部，流经爱尔兰西南海岸。温暖的海水使空气升温并保持气候温和，因此夏季和冬季不会过分炎热或寒冷。当爱尔兰人的棕榈树摇曳着热带风情，西伯利亚人还在围着**萨摩瓦尔***冻得瑟瑟发抖。

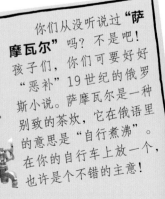

你们从没听说过"**萨摩瓦尔**"吗？不是吧！孩子们，你们可要好好"恶补"19世纪的俄罗斯小说。萨摩瓦尔是一种别致的茶炊，它在俄语里的意思是"自行煮沸"。在你的自行车上放一个，也许是个不错的主意！

加拿大东海岸洋流中的浮冰

未解之谜

是什么"搅动"了海洋?

➤ 温度较低而密度和含盐量较高的海水在南、北极下沉并在海洋深处扩散，接着与上方密度较低而温度较高的海水相融合。如果海水温度低、密度高，它就应该静止在海底。不是吗？但这些海水却再次回到了海面。怎么会这样？在海洋的某些地方，潮汐促使海水在海底的山脊和山脉上来回涌动。这一过程搅动了海洋，使冰冷的深层海水向上流动，并与上方温暖的海水汇合。也有一些科学家猜测是海洋生物搅动了海水。当太阳朝升夕落时，浮游生物和鱼类等各种生物随着阳光的变化而游上游下。研究人员认为，这些"游泳健将"——哪怕只有你的手指那么大——它们的一举一动也足以搅动海水。

酷炫科学家

玛丽·萨普

我们对深海了解得还不够透彻。20世纪中期时，我们对海下一无所知。美国海军开发了一种能从海底反射声波的装置。根据声波返回所需的时间，工程师可以计算出从海面到海底的距离。他们还收集数据并交给制图师绘制海底图片。玛丽·萨普就是其中之一。早在20世纪50年代初，她就发现了大西洋中脊——地球上两处巨大的海底岩石部分在这里相分离，使炽热黏稠的岩浆喷涌而出并形成新的海下岩石山脉。虽然玛丽很聪明，也很成功，但当时由于她是女性，不能参加去野外考察或收集宝贵数据的远行。现在这种情况得到了显著改善，世界上有一半的人口是女性，或许将来有一半的科学家都是女性呢！

图中文字：雨　雪　雨　蒸发　淡水　地下水　海水

须知

全球水循环

➤ 你在学校学过水循环吗？水循环是水在自然界中移动的过程。有些老师在介绍水循环时会展示一张包含树木、土壤、湖泊、河流和小溪的示意图。也许还有一座山，山上有几头鹿和一两只可爱的小兔子。这令我的一些海洋学家朋友很生气，因为许多水循环示意图将海洋放在了不起眼的角落里，或者干脆省去。然而，地球上 97% 的水都在海洋里。虽然科学家还没有确定特定区域内海洋和陆地降雨量间的关系，但大多数蒸发（水进入大气的过程）和降水（水以雨、雪、雨夹雪或冰雹的形式落下）都发生在海洋上。所以，当你学习或思考水循环时，千万不要忘记海洋。什么是全球水循环？开阔你的思维，不要只盯着那几只兔子。

谢谢，浮游生物

海洋中最常见的生命形式是什么？浮游生物！浮游生物指各种随海流漂荡的微小生物。浮游生物值得尊敬，因为它们是海洋"食物金字塔"的根基。海洋中所有生物的生存都依赖浮游生物。不仅如此，如果没有这几十亿吨的浮游生物，地球上就没有人类——一些浮游生物吸收阳光和水，向空气释放我们呼吸所必需的氧气。这类浮游生物同时还是其他生物的食物，进而为整个海洋生物系统提供养分。如果你觉得这没什么了不起的，那就去火星待上几天——别说几天了，你连几秒钟都受不了。这颗红色星球错过了浮游生物的爆发期，因此没有一丝可呼吸的空气。在地球上，我们呼吸的氧气有一半是由浮游生物产生的。所以，如果你待会儿有时间，一定要好好谢谢你周围的浮游生物，谢谢它们对地球的慷慨贡献。

桡足类，就像这个小家伙，和其他浮游生物一起使地球上的生命成为可能

本章小结

所以，海洋很重要。没有海洋，人类就无法生存。我们喝的水几乎都来自海洋。但我们对海洋了解得还太少。比如，这些水最初是从哪里来的？一些科学家认为，冰冷的彗星和小行星撞击地球时，带来大量水分形成了海洋。其他人则猜想，地球上本来就有水——这些水最初被封在岩石里，随火山喷发而扩散到地表。做些科学研究，你就能知道答案。然后，把你的发现告诉全世界，好吗？此外，如果你今后想从事海洋学相关的职业，我想把我的一位科学家朋友说的一番话送给你。

" 海洋占地球表面的大部分！但我们对它的了解远不如其他栖息地，甚至都不如太阳系的其他行星。关于海洋，我们还有很多地方需要学习。惊人的发现从不中断，尤其在深海。如果你对海洋充满了好奇，一定有更多的事物等着你去发现。"

——海洋学家 泰莎·希尔

第5章

进化——
生命的真相

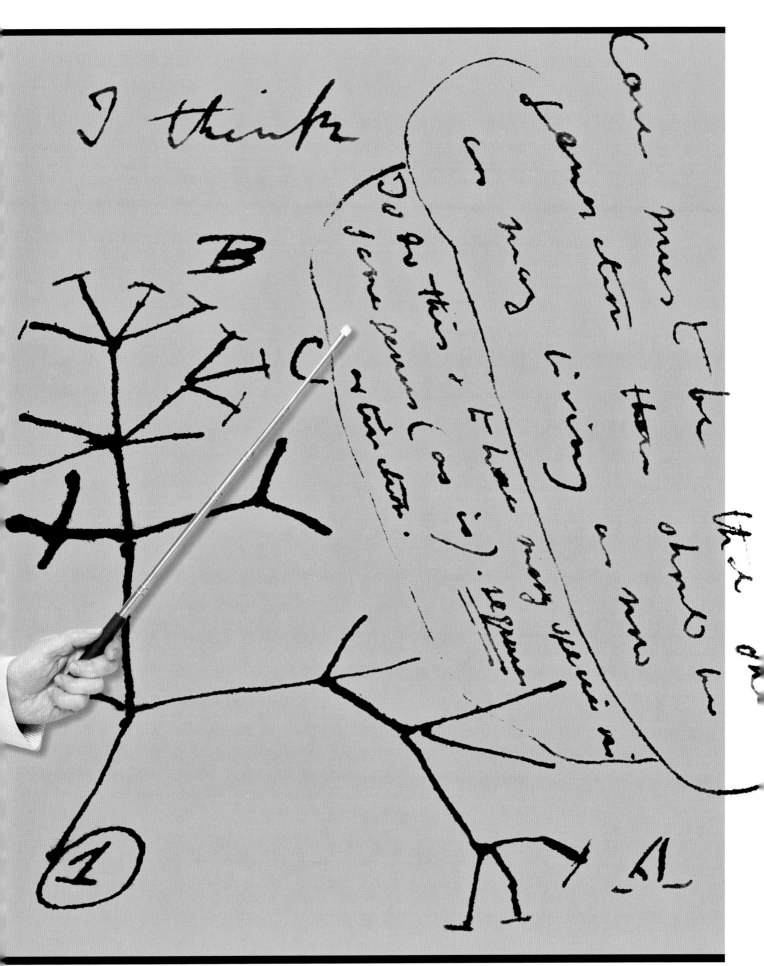

全家福，摄于 1965 年夏。
你能在照片里找到我吗？

妈妈和爸爸

沙滩上的妈妈和我

这是我

▶ **本章内容很丰富**——它涵盖了生物学的主要思想，并向我们展示了美丽的蓝色星球上各种奇妙的生物。朋友们，我说的正是进化。你们应该都听过这个词吧！我有个朋友叫斯泰西·史密斯，她是一名研究进化的科学家。她说，像你们这样的年轻人比我们这些岁数大的人更了解进化的原理。一点都不令人惊讶。但即使你听说过"进化"，你也不一定知道它是什么意思。

首先，我想给大家讲个故事。每年夏天，我们一大家子人都会聚在一起，聚会上有许多亲戚。是什么让我们成为一家人？我和我的兄弟姐妹有共同的父母。我的一些堂（表）兄弟姐妹也经常参加聚会。我们是一家人，因为我们有共同的（外）祖父母。这些堂（表）亲的孩子也是我们（外）祖父母的后代。我们的长相和天赋都不一样——比如，没人能像我一样跳舞（也许因为他们都不愿意跳）——但我们都有共同的祖先。所以，我们是一家人。

你看，这就是进化告诉我们的。准备好了吗？你和我也有共同的祖先。而且，包括刚刚从你窗前飞过的鸟，叼着你的袜子跑掉的狗，你种在院子里的树，从人行道裂缝中长出的草，在泥土里钻来钻去的虫子，我们的祖先是一样的。我们是"亲戚"，在一个大家庭中。

▶ **你的祖先是化学物质。**

众所周知，地球上所有的生命都可以追溯到同一个祖先。不过，那个祖先可不叫张三或李四。我们并不知道原始生命究竟是什么样子。也许是地球表面矿

< 上一跨页: 1837 年，查尔斯·达尔文绘制了一棵"生命进化树"。他后期对鸟类的观察和绘图促进了人们对"自然选择"的理解。

物质（岩石物质）形成的一团化学物质，在阳光或闪电下发生反应并一分为二，完成了自我复制的过程。复制是延续生命的一种有效方式，使人类在数十亿年后出现在地球上。我们甚至不知道生命是从地球上开始的，还是包裹在火星岩石中凑巧来到地球的。那些时不时撞击地球的陨石，以及太空飞船从小行星带回的岩石样本，它们的角落和缝隙中就有各种各样的化学物质和化学物质的混合物。明白了吗？太空岩石中的化学物质和地球上所有生物的化学物质是一样的。这是否意味着我们在岩石中发现的化学物质是生命发生的原因？这是一个值得思考的问题。

► 变化，从不停止。

无论生命起源于哪里，当这些古老的化学物质自我复制时，并不总是一模一样。变化一直在发生。有些变化是有益的，另一些则是有害的；还有一些几乎不起任何作用。这些微小的变化还会传给下一代。这就是遗传，就和你从父母、祖父母或曾曾曾祖父母那里遗传头发或眼睛的颜色一样。

变化随时间的推移而累积。生物因此更加复杂，并遍布整个地球。不同的生命形式开始拥有不同的外表和生活方式。其中一些生存下来，数量也越来越多，其他的则逐渐消失。

在经历了漫长到近乎难以想象的几十亿年后，地球上终于有了千奇百怪的生命形式：地上走的，水里游的和空中飞的。

进化使地球大家庭的聚会持续至今！

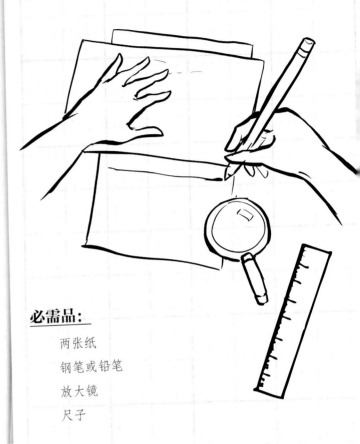

试试这个！
繁殖如何导致变化

必需品：

两张纸
钢笔或铅笔
放大镜
尺子

怎么做：

1. 在一张纸上画一条横线。
2. 用另一张纸盖住这条线。
3. 在第一条线的正下方再画一条线。
4. 在第二张纸上描出前两条线，多描几条。
5. 使用尺子和放大镜检查这几条线是否一样直，一样长。

结果：无论多努力，你都无法画出完全一样的线条来。再怎么集中注意力，也只是使下一条线看起来像前一条而已。它也不会变出方形来。自然界也是如此，当生物自我复制（也称繁殖）时，下一代可能与前一代非常相似，但它们在某些方面也会有所不同。微小的变化从不停止。繁殖次数越多，变化就越多。

须知

自然选择

➤ 在自然选择的过程中，生物后代的某些微小变化有助于它们生存下去，而另一些变化则令它们失去生存和繁殖的能力。不经任何深思熟虑，自然界就选出了哪些后代能成功生存并不断繁衍，而哪些不能。关键在于这些变化经历漫长的时光而不断发生，不断累积，不断被选中。

达尔文　华莱士

"自然选择"一词最早由查尔斯·达尔文提出。你也许听说过他，他很有名。达尔文和另一位名叫阿尔弗雷德·罗素·华莱士的博物学家在各自的研究中同时发现了这个过程。华莱士为此向达尔文写了一封信，而达尔文十多年来一直在实验和记录这个想法。他们于 1858 年共同发表了一篇科学论文。"华莱士"并不是个如雷贯耳的名字，这也许是因为当达尔文在英国成功出版巨著《物种起源》的时候，华莱士还在世界另一边的亚洲和澳洲岛屿上开展各种各样的研究。但他们都爱对事物寻根究底。他们发现了进化的关键过程，尽管当时他们对地球上所有生物的细胞内发生了什么一无所知。

20 世纪 50 年代初，一位名叫罗莎琳德·富兰克林的年轻科学家和她的学生雷蒙德·葛斯林拍摄了一张照片，取名"照片 51号"。同阿波罗 8 号拍摄的地球仿佛从月球上方升起的照片一样，"照片 51 号"也因具有重大的科学意义而被载入史册。这是一张DNA 结构的 X 射线照片。科学家们根据照片推断出，DNA 有两条链彼此缠绕，就像两部并排的旋转楼梯。然而，当富兰克林由于癌症而英年早逝时，科学界还未真正认识到她的贡献。但如今，她已被公认为 20 世纪最伟大的科学家之一。欧洲航天局（ESA）以她的名字命名了一架火星探测器。

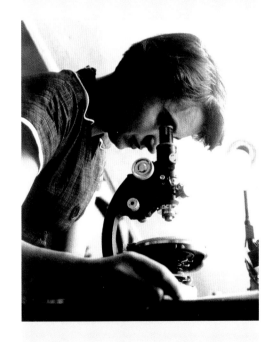

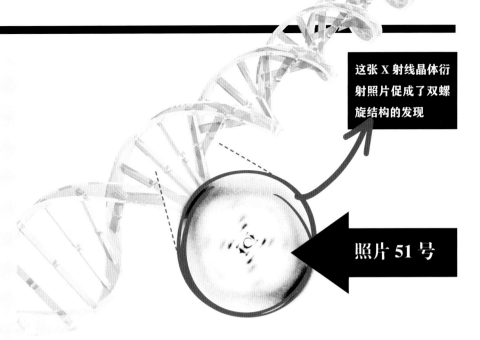

这张 X 射线晶体衍射照片促成了双螺旋结构的发现

照片 51 号

须知

进化的原理

➤ 地球上所有生命形式的细胞里都有一组指令。不同于我们在纸上或网站上看到的，这些指令是一连串的化学物质，它们指挥你体内的其他化学物质发生化学反应。我们把发布一个或一组指令的化学物质称为"基因"。它们使你生长、发育，变成一个会走路、会说话的人。基因决定了你的眼睛是棕色、蓝色、绿色还是灰色。它们还和其他因素共同影响你能否预防或染上某些疾病。如果你不能喝牛奶或吃面筋，都是基因的"错"。人类拥有约 20 500 种不同的基因。基因连成一串，被包裹在 DNA 分子中。DNA，全称脱氧核糖核酸。

地球上生命的共同祖先，即最早的生命形式，一定有一连串的化学指令，也就是我说的基因。随着时间的推移，在一次又一次的复制中，基因发生变化。这些微小的变化日积月累，直至地球上有了无数神奇和美丽的生命。科学家已识别出数百万种不同类型的动植物，但实际的物种数量可能要多得多，尤其当我们将各种细菌和病毒都考虑进来的时候。地球上至少有 1 600 万种不同的生物！

地球
生命简史

>> 想不想知道为什么小小的基因变化能创造出一个万物和谐共生的地球？这意味着你得像科学家一样思考。不妨想得更深入一点：当生命形式由于基因变化而繁殖出有着各种差异的后代时，它们也在地球上不断迁徙以寻找更合适的生存环境。一群鱼中的某些成员会游去水温更高或更低的海域。一粒花籽可能随风飘到一片新的草地，一座多晴少雨的山坡，或者一个避光潮湿的山谷。几只鸟飞到更远的山谷，结果被暴风雨困住再也回不了家。这些鸟将建立一个新的种群，它们的后代因此有别于留在原地的鸟。经过漫长的岁月，这些生命形式在新环境中繁衍出世世代代，并且每一代都与前一代有所不同。这就是"遗传分化"。每当花、鸟、鱼、虫甚至细菌繁殖时，它们的基因都会改变一点点（就像刚

刚实验中的铅笔线一样）。因为这些生命形式选择了新的环境，它们的后代更加强壮，从而使基因得以保留和传播。当一些动物从水里走上陆地而另一些继续留在海里时，曾经的"一家人"切断了彼此间的联系。它们再不能一起生活，也不能交流这些变化，于是它们踏上了不同的进化道路。分化，是一个伟大的概念，是地球上有着多姿多彩生命的关键。

但我们也需要时间，很多时间，越多越好……

如果你在我的实验室里做实验，通常几分钟或几小时就能完成，最多一天。然而，被我们称为"进化"的实验已经在地球上持续了约 37 亿年，这为微小的基因变化创造了充分的时间来重复、传播并引起更多的变化。

46 亿年前：

引力将气体和尘埃聚集在一起形成了太阳和行星。

40 亿年前：

地球温度降低，使水蒸气凝结或留在地表。火山将水从地球内部喷涌到地表，海洋由此形成。冰冷、多水的小行星和彗星也坠落在地球上。

37 亿年前：

海洋开始出现简单的生命形式，非常非常简单。它们后来没有被自然选中，也没有经得起时间的考验。

45 亿年前	40 亿年前	35 亿年前	30 亿年前	25 亿年前	20 亿年前	15 亿年前	10 亿年

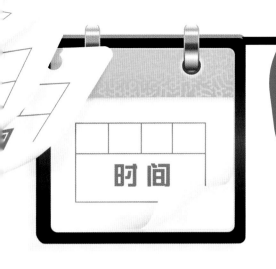

时间

1,000,000,000

10 亿是一个天文数字

当然还有其他推动进化的力量：气候、生态系统和地球表面的变化。但如果没有繁殖的随机性结合大量的时间，我们今天拥有的不同生物，以及古老的生物化石，也将荡然无存。

1，2，3，4，5……假如你没日没夜不停地数数，饭也不吃，觉也不睡，你也得花上 11 天半才能数到 100 万。如果你能做到，那就太棒了！当你数完第一个 100 万，你需要睡会儿觉，再接着数到 10 亿。10 亿相当于 1 000 个 100 万。这不止需要几天、几个月甚至几年。即使你不吃不睡，也要 31 年 8 个月才能数到 10 亿！想要数到 37 亿，至少要到 117 年后——而且除了数数，别的都不干。我想说的是：37 亿年，漫长到近乎难以想象。地球上的生物已经繁衍、进化了 37 亿年。所以，进化就是这样发生的。

5 亿年前：

鱼！确切地说，它们不是鱼——不是我们今天认识的那些鱼。海洋里有无数生物在游来游去。

4.8 亿年前：

或者再早几千万年，陆地上开始长出植物，其他生命形式随后出现。

2.25 亿年前：

古老的恐龙出现了！

400 万年前：

地球上有了更多的动物和其他物种，包括一些类人生物。它们都没取名字，但它们比昆虫复杂得多。

6 500 万年前：

一块巨大的太空岩石撞击地球，导致恐龙灭绝。

30 万年前：

现代人类的祖先——智人，开始发展壮大。

130 年前到现在：

你们出生啦！

你在这里

茂密的生命之树

　　把地球上的生命想象成一棵参天大树，枝繁叶茂，交错伸展。查尔斯·达尔文是这样描绘这棵树的：树干代表了地球上最早的生命形式；树枝以及从这些树枝上长出的细枝，它们都指向不同类型的生命；我们今天看到的植物和生物，包括我们人类，就像树枝末端的嫩芽。每当新枝长出，一个重大的变化便会发生，代表着一种生物的某些个体变得与其他大不相同。如果我们爬下这棵树，回到过去，我们最终会到达一个分支点，在那里我们今天的人类与其他类人生物分离，比如大名鼎鼎的尼安德特人（古代穴居人）。再往下爬，我们就能找到我们和黑猩猩分裂的地方。有一个点代表了我们与黑猩猩的共同祖先。这位祖先同时具有黑猩猩和人类的某些特征，还有一些我们今天再没见过的特点。再强调一遍：我们不是黑猩猩、大猩猩或任何你今天可能见过的猿类的后代。我们源于同一个祖先，我们是血缘关系超级、超级、超级、超级远的"远亲"。

　　当我们越靠近树根，就会遇到越不像我们的动物，直至我们"邂逅"植物。正当科学家追溯生命的历史，

错！

太阳是煤做的

早在 19 世纪，研究进化论的学者就已经意识到进化需要许多时间。一些科学家曾认为太阳就是一颗在外太空燃烧的巨大煤球，但随着对热量和能源的了解越来越多，科学家们意识到一颗太阳大小的煤球（在有空气的情况下）在大约 3 000 年后会迅速燃烧殆尽。当时有位著名科学家威廉·汤姆森，后世尊称他为"开尔文勋爵"。他把太阳想象成一个由岩石和气体组成的球，被重力挤压在一起，变得非常炽热。开尔文利用望远镜和数学方法计算出这样一个岩石球能让太阳发光多长时间。如果这个"模型"或数学概念是对的，那就意味着我们的地球还不足 1 亿岁。这听起来像是那么回事，然而，开尔文的模型并没有考虑到地球上各种生物进化所需要的时间。其他科学家后来发现，阳光不是通过燃烧煤炭或挤压岩石产生的，完全是两回事。我们将在第 11 章讨论这个问题。虽然开尔文最大程度地利用了他所掌握的信息来计算地球年龄，但他还是少算了 44 亿年。

进化不是随机的

DNA 不会突然决定尝试新的东西。DNA 不思考，也不做决定。一旦生物将 DNA 变化遗传给了下一代，这些变化能否保留下来并继续在种群中传播，答案不是随机的。那些对生存起促进作用的变化，比如猎豹脚上的长长的爪子能帮助它在奔跑和转向时抓牢地面，就会保留下来。而伤害生命形式的变化，比如无法抵抗细菌，往往会消失，因为被细菌寄生的生物活不了多久。这就是进化——自然选择作用于所有生物细胞内 DNA 的过程。

以及描绘生命之树时，那些树枝和树枝上的分支一次次改变了故事的走向。比如，查尔斯·达尔文早在 19 世纪时就怀疑古代恐龙和我们今天看到的鸟类相关，但直到最近我们才确定了二者的关系。科学家发现了新的事实和关系，他们改变了我们对生命树这一部分的看法。但早期的思想家们只能尽可能地将他们所掌握的信息拼凑成生命的故事。科学不仅仅是事实的堆砌——事实很重要，更是我们认识世界的过程和方法。在我小的时候，所有人都以为恐龙的皮肤像蛇一样光滑。后来我们才知道，即使不是全部，大多数恐龙也都有羽毛。这是我们认知进步的一个例子。这就是科学！

生命的四个领域

▶ 地球上所有生命都有一个共同点，那就是都拥有核糖核酸，简称RNA。甚至DNA也是在RNA帮助下形成的。在RNA层面，所有生物都一样。

科学家一直在探索是什么使每个生物与众不同，因为这有助于我们更好地了解我们自己——人类。在科学家眼里，生命之树有四根粗壮的树枝。树上的所有生命都是由一个或多个细胞构成的。把细胞想象成小型工厂或发电厂，你的身体里就有几万亿个"小工厂"，我也一样。

早在远古时期，生命之树的树干就长出了四根树枝，分别代表古生菌、细菌、真核生物和病毒这四个领域。当微小的变化发生时，每根树枝都会朝着不同的方向再长出细枝。那我们就从生命的这四大领域说起吧。

细菌

细菌是单细胞生物。同古生菌一样，细菌也没有细胞核，但它们的细胞膜构造与古生菌略有不同。细菌也无处不在：它们在你接触的每一物体的表面，在你的身体里，在你的皮肤上。无论在海洋深处，还是在地下岩石，细菌都能茁壮生长。地球上每10个物种中可能就有8个属于细菌"家族"。大多数细菌生活在自然界中，与我们"井水不犯河水"。但我们又依靠某些细菌来消化食物。请记住，如果把你肚子里的细菌都加起来，它们可能比地球上的人还多。你可能也知道有几种细菌会让人生病，比如污水中的某些大肠杆菌。在地球上还没有人类时，细菌就已经存在了。或许当人类离开地球去往遥远的星系安家后，细菌依旧能在地球上生存很久。

真核生物 *

人类是真核生物。不光是人类，蠕虫、蝴蝶、海星、猫、狗、橡树和毒漆藤，它们都是真核生物。几乎所有大型而复杂的生命都属于生命之树上的真核生物分支。所有真核生物的细胞里都有细胞核（我们的也是）。正是这些神奇的细胞组成了生物，而这些细胞又是由微型"机器"组成的，它们帮助生物完成各种各样的动作，无论那生物生长在土壤里，畅游在海洋里，还是在一片真核生物（草）上踢足球。

"真核生物"（eukaryote）一词源自希腊语，意思是有种子或核。真核细胞里有细胞核和许多微小的化学"机器"。

在某些方面，生命之树更像一株巨大的灌木。当科学家研究这棵大树上不同生命形式的基因时，发现了它们是"一家人"的证据。人类甚至与海胆有近70%的基因相似！

病毒

你的嘴唇上约有100万个病毒（我可不是吓唬你），可是，即使有这些特殊的病毒，你依然安然无恙。病毒也有基因，就像人类一样。但不同于人类，病毒不能自行生长或繁殖，它们需要侵入或感染另一个生物的细胞才能自我复制。虽然有点令人毛骨悚然，但病毒已通过这种"寄生"方式在地球上存在了几十亿年。许多科学家认为病毒不应该成为生命之树上单独的分支。直至今日，我们还不能将它们追溯到一个独立的、通用的分支，而且它们也不能独立生存。如果不是病毒模糊了生物的定义，其他生物也许将重新归类。

古生菌

古生菌都是单细胞生物，它们十分微小且没有细胞核。古生菌无处不在：在海洋里，在土壤里，甚至在人体内。古生菌可能是地球上最常见的生命形式，它们的细胞壁，也就是维持古生菌结构的外层，通常由特殊类型的糖相互结合而形成。

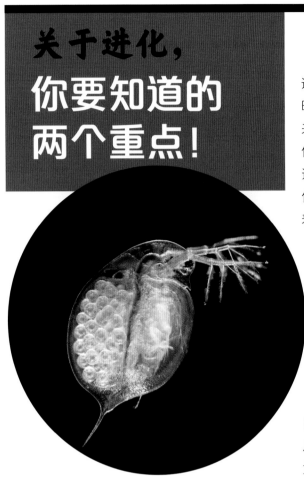

关于进化，你要知道的两个重点！

1. 人类并没有比其他生物进化得更好。

进化没有计划或目标，也不是为了取得什么成就。生物的进化不受任何人或任何东西指挥。进化是自然而然发生的。随着时间的推移，微小的变化逐渐累积。对生存有益的变化保留了下来，并代代相传。人类是几十亿年进化的产物。这是否意味着我们比其他生物进化得更好？不！地球上的其他生物也是几十亿年进化的结果。我们甚至还没有肚子里的细菌进化得好。当然，我们更容易看到自己的变化。但其他生命形式也在默默无闻地进化着。以藻类为例，它们在地球上生存了很久，一些藻类已经找到了储存能量的方法——除了阳光、二氧化碳和水，别的都不需要。科学家正在努力研究能否利用藻类的"秘诀"来开发更好的汽车和飞机燃料。藻类不会制造汽车，但它们却拥有驱动汽车的"法宝"。

人类的基因也不是最多的！即使是一种叫作水蚤的小甲壳类动物也有31 000个基因，而人类只有约20 500个基因。别生气，我不是说人类不神奇，人类已经登上了月球，也许有一天，还会登上火星。但地球上所有的生命形式都可以追溯到同一个祖先，而且我们进化的时间完全相同。所以，从进化的角度来看，人类并没有那么特别。我们绝没有比其他生物进化得更好。地球万物的进化还未停止。

2. 人类不是大猩猩的后代。

大猩猩、黑猩猩或倭黑猩猩都是类人猿，它们会行走和爬树，但人类并不是由它们进化而来。我们拥有共同的祖先——某种先于猩猩和人类出现的生物。你必须回到数百万年前，并且沿着生命之树往下爬好长一段距离，才能找到那个生物。人类和猩猩更像是隔得很远很远的表亲。科学家已经证实了这一关系，但还是有人误以为我们是猩猩的后代。问题的根源可能是大街上随处可见的保险杠贴纸和T恤衫，上面印着一排类人猿的图案，用来展示人类的进化：图案的左边是一只黑猩猩，依次向右是站立得越来越直的动物，直到最后一个现代人——完全直立行走。有些图案的结尾比较搞笑，比如一个伏案工作或跳舞的人影。在进化过程中，我们与黑猩猩有共同的祖先，但我们不是黑猩猩、大猩猩或其他现代猿类的后代。进化不是一条直线：这头是黑猩猩或大猩猩，那头是人类。进化是一株枝繁叶茂的灌木！

错！

只有变异人才喝牛奶

如果你喝牛奶不会肚子疼，那一定是突变基因流动的结果。请注意，我们说的不是牛奶的流动，而是基因的流动。大约9 000年前，我们的祖先开始在非洲和中东养牛，那也是他们第一次喝牛奶。当时没有杂货店、自动售货机和饮水机，任何可靠的营养或水分来源都仰仗大自然的"恩赐"。牛奶能同时补充营养和水分，但有一个问题：牛奶中有一种特殊类型的糖，难以被人体分解和消化。所以，大多数人都无法喝牛奶，但也有少数人携带一种能促进牛奶消化的突变基因。这种基因能产生特定的蛋白质，从而分解乳糖。由于有了可靠的营养来源，这些变异人比那些不能喝牛奶的人更加健康，他们也通过繁衍后代将这种基因遗传了下来。拥有消化牛奶能力的人最初只存在于个别地方，但随着人口迁徙和养育家庭，这些基因便从一群人流向了另一群人，直至遍布全球。如今，大多数携带这种基因的人可追溯到北欧、中东或非洲。进化论科学家将这种现象称为"基因流"。

脑洞大开！

鱼足动物

自进化论在19世纪提出以来，生物学家一直在思考每种生物所对应的祖先。他们认为像我们这样的陆栖动物一定是鱼等海洋动物的后代。2004年，一组科学家外出寻找证据时，在加拿大北极地区发现了一块惊人的生物化石，可追溯到大约3.75亿年前。这种生物不仅有鳞片和鳃，还有脖子和前鳍。它的前鳍上有厚厚的骨头，可能是用来支撑身体的。这种所谓的"鱼足动物"可能生活在浅水中，科学家并不知道这种生物能否游到陆地上。他们将它命名为"提塔利克鱼"。这个词源自当地人的方言，意思是"浅水鱼"。这种鱼为什么引起轰动？因为早前研究进化论的生物学家一直相信提塔利克鱼是真实存在的生物。他们猜想了它的化石长什么样子，以及曾经的栖息地。后来他们去了加拿大，真的发现了这个生物的化石！事实证明他们的猜测完全正确。这就是科学！

数亿年前，植物开始在陆地上生长，但动物还没有从水里上岸。很久很久以后，动物才追随着植物而生存。也许是生命之树上提塔利克鱼所在的那根树枝，经历了数亿年的变化，最终孕育出了早期人类。

本章小结

说到进化，我能专门为此写一整本书。我已经开始写了。然而，与其深入讨论这一基本科学发现，倒不如来聊聊其他发现——它们改变了我们对自然及人类和宇宙关系的认识。下一章很重要哦！

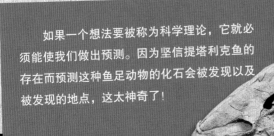

如果一个想法要被称为科学理论，它就必须能使我们做出预测。因为坚信提塔利克鱼的存在而预测这种鱼足动物的化石会被发现以及被发现的地点，这太神奇了！

第6章

动起来!

这一切是如何
发生的?

▶ **有个问题要问你：** 是什么让一切发生的？换言之，发生了什么？什么时候发生的？是运动。植物和人在生长时不断向上和向外移动。一辆车原本在这个地方，然后它移动到了别的地方。云中的水变成雨或雪，向下朝着地面上的我们移动。

地球上的一切都在运动！

是能量导致了运动。能量使事物运动。即使看上去纹丝不动的巨大岩石，也因为过去发生的一切而来到了它们现在的位置。

今天，我们将研究运动和能量的科学称为"物理学"。这个词源自希腊语的"nature（自然）"一词。我认为物理学就是研究自然规律的学科。有一个古老的笑话：大家说任何事情的发生都有原因，而这个原因通常是物理。许多科学家相信物理学是最基础、最重要的科学领域。你可以问问任何一个物理学家——研究物理的科学家，他一定会告诉你，物理学是最重要的科学。

因为一切都在运动，所以物理无处不在。

你穿过房间时的脚步声，是物理。

鸟儿在空中飞翔，也是物理。

做一把足够结实的椅子让你坐下来，还是物理。

17世纪，一位名叫艾萨克·牛顿的英国科学家开始思考什么使物体发生运动，以及运动的物体如何停止运动或改变方向。为了回答这些问题，他提出了著名的牛顿三大运动定律。顺便说一下，当科学家们（我希望你也能成为其中之一）谈论自然法则时，他们认为无论你在宇宙中去到哪里，即使是围绕着某颗遥远恒星公转的遥远行星，同样的规律或法则依然适用。这是一件值得认真思考的事情。牛顿提出的三条运动定律似乎在整个宇宙都适用！

66 物理学家是现实世界里最接近魔术师的一份工作。如果你是魔术师，你就会明白事物的运行规律。当人们观看魔术表演时，他们看到的是奇迹，但魔术师看到的是魔术背后的原理。物理学习也是如此，它可以帮助你理解究竟发生了什么，包括日常生活中稀松平常的事物。物理为理解世界提供了一种不同的方式。"

——物理学家 罗伯特·布朗

须知
三大运动定律

第一运动定律:
惯性

▶ 让一本书自己跳到椅子上是不可能的。物体不会自行移动。宇宙中的一切都会保持它原本的状态，直到某物或某人做了某事使它发生运动或停止运动。科学地讲，静止的物体往往保持静止，运动的物体往往保持运动，除非受到外力的作用，如轻推、撞击、扭曲、推拉或摇晃。这就是运动的第一定律——惯性定律，它既适用于最微观的层面——只能用显微镜看到的物体，也适用于恒星和星系，甚至是宇宙本身！

现在有本书放在桌子上或你的膝盖上，它会一直在那里，除非你轻轻推它一下。或者，想象一个保龄球，一旦开始滚动，它就会不停滚动下去，但它通常会在击中保龄球瓶后改变方向，而保龄球瓶原本一动不动，直到被滚动的保龄球击中，然后到处乱蹦。

物理学家说一切事物都有"惯性"，这意味着它们是"顽固"的：无论正在做什么或者不做什么，它们会一直保持这样。动手感受一下惯性。推一下这本书，别太用力——一点点就好。书动了，对吗？此时，你的推力就是使书在桌上滑动的"外力"。如果不是桌子和书皮之间小小的**摩擦力** *，这本书会永远不停地滑动。

这个小小的因摩擦而产生的力被称为**"摩擦力"**。摩擦力使书移动的能量转化为热量。几千年来，运动和摩擦之间的关系一直困扰着科学家。

奇趣"玩具"

一直，一直，一直在飞行……

1977年，工程师、技术人员和科学家将一对名为"旅行者1号"和"旅行者2号"的太空探测器送入太阳系，它们的使命是探索行星。每个探测器都装载着巨大的火箭助推器，将它们带离地球的大气层，并朝着宇宙继续飞行。几十年后的今天，这两个太空探测器仍在飞行。它们飞经了火星，又与木星和土星擦肩而过，还曾遥望过天王星和海王星。太空里几乎没有空气和灰尘，无法产生任何力来作用于这两个太空探测器并使它们减速，所以它们只能在宇宙中不停地飞行。这就是惯性！

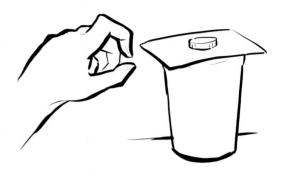

试试这个！

硬币、杯子和卡片

必需品：

1枚硬币（1角、5角、1元都可以）

1个杯子，比如玻璃杯

1张卡片，比如扑克牌或名片（如果你还没有名片，问爸爸妈妈要）

怎么做：

1. 将卡片放在杯子上。
2. 将硬币放在卡片的中间。
3. 用手指轻轻将卡片弹开。

结果：卡片滑开后，硬币掉入杯中。因为硬币的静止具有惯性，即使卡片消失了，硬币依然停留在杯子中间。

安全带小知识

第一运动定律要求我们在驾驶汽车时一定要系好安全带。当你驾驶汽车时，不仅是汽车在移动，你也在移动，否则汽车就没用了：它们无法将我们送去任何地方。想象一下，如果发生了一个可怕的错误，比如，一辆时速100千米的汽车突然撞上了一堵墙，接着会发生什么？汽车会停下来，因为它受到了外力的作用——墙的反作用力。但是你，我的朋友，却没有停止移动。你仍将以100千米的时速移动着，除非有外力让你停下来。我希望，此时的外力就来自你的安全带，也许还有一个能快速充气的安全气囊。但是，如果你粗心大意，没有系上安全带，你还是会以100千米的时速移动，直至遇到另一个外力的阻挡——比如来自仪表盘或挡风玻璃的反作用力。所以，无论坐在汽车的前排、中间或后排，你都要系好安全带，必须遵守运动的第一定律。

（喂！）

在国际计量体系中，力的单位是"牛顿"，我们通常用大写字母"N"来表示。一个苹果约重 1 牛顿。在美国，人们仍然用"磅"来衡量重量，比如一盒重 1 磅的黄油。在中国，人们习惯用"斤"来衡量一个人的体重。一斤是 500 克。作为工程师，我可以告诉你们，在力的计算和表达方面，牛顿实际上要简单得多。

第二运动定律：

力

➤ 如果要移动某个物体，你需要推它或者拉它，这就是我们所说的力。如果你推这本书，它就会滑动。但如果你坐在一张大桌子前读这本书，你还用和推书一样的力来推桌子，它肯定动不了。毕竟，桌子比书重得多。根据牛顿第二定律，你需要用更大的力才能推动桌子。

假设你捡起一个棒球，然后使出全身力气扔出去，球会飞得很远。但如果你抱起一个西瓜，再用同样的力气扔出去，它不会飞出很远，只会摔碎在地上，招引来蚂蚁。这是浪费。第二运动定律掺杂了些数学知识。比如，推动一本书，需要一些力；推动 20 本书，则需要 20 倍的力。

>> 还有一个小知识！

如果你身穿酷酷的太空服，手里捧着一堆书和一个体重秤，漫步在太空深处，你会发现一个有趣的现象：无论是给这些书还是你自己称重，体重秤总是显示零。换言之，你和书都是失重的。但如果想要推动或拉动这些书，你还是需要花些力气。你和它们仍然有惯性。

科学家说，无论是在地球上还是太空里，无论是否受到引力的影响，这些书具有相同的"质量"，你也一样。无论是站在地球上还是飘浮在太空里，你的质量都是一样的。想象一下，你正试着推动一颗小行星，甚至月球，它们纹丝不动，但你会动，因为小行星和月球的质量比你大。所以第二运动定律是关于质量而非重量的。在地球上，质量和重量看似是一回事，但它们之间的差别大着呢！

没有什么能比一次美妙的火箭发射更好地展示牛顿定律了！

2019 年 6 月 25 日，Space X 猎鹰重型火箭携带 24 颗卫星，包括行星协会的"光帆 2 号"，从美国肯尼迪航天中心发射。

第三运动定律：

作用力和反作用力

火箭科学

想一想：自火箭发动机被点燃起，火箭重量就在不断地减轻，因为火箭上的燃料在不断被消耗。这些燃料燃烧后从火箭发动机中喷出。你知道宇航员或太空飞船的重量，那么你要准备多少燃料呢？要解决这个问题，离不开英国科学家艾萨克·牛顿和德国科学家戈特弗里德·莱布尼茨创立的微积分——数学的新领域。对火箭发射而言，微积分实际上就是火箭科学。

➤ 这一点说得通，但它却令人惊讶。牛顿注意到，对于宇宙中的每一个作用力，都有一个大小相等、方向相反的反作用力。试试这个：找一块滑板或一把带轮子的办公椅，站在滑板上或坐在椅子上，用双手向前扔篮球。篮球向前方飞出，而你和滑板或椅子则向相反的方向后退。火箭的作用原理也是如此。当你看到火箭喷嘴喷出火焰时，其实是火箭燃料在高速向下喷射，反作用力推动着巨大的火箭向上升空。这也是飞机飞行的方式。飞机使用螺旋桨或高速旋转的喷气发动机，将空气向后推动，从而向前飞行。这就是第三运动定律。

脑震荡的物理学原理：
头晕目眩

>>牛顿运动定律告诉我们，头和头、头和球之间的碰撞，尤其是多次碰撞，不是件好事。人的大脑和头骨间有一层薄薄的液体。假设一名正在奔跑的足球运动员，当他的头部撞上另一名球员的头部时，或者当一个人的头部被猛击到坚实的草地上时，他的头骨停止了移动，但大脑却没有。同样地，如果一名足球运动员用头顶了守门员传给中场的一记长球，或者在一个阳光明媚的周六，你在大学校园里骑着自行车（没戴头盔），一辆跑车迎面撞上你并导致你头部着地——在这些情形下，相同的结果也会发生，即头骨停止移动，但大脑没有。

冲击力使球员或骑手的大脑撞向头骨内侧，并挤压出头骨和大脑间的液体。而且，就像桌上扭曲或旋转的书（请看下一页），大脑也会旋转。一旦撞上了球员的头骨，大脑就会反弹并旋转回来。依据牛顿运动第三定律，每个作用力都有一个大小相等、方向相反的反作用力。这些挤压、移动和扭曲都对人脑有害，而且这种损害可能会产生长期影响。

行为过程

作用：
大脑撞击头骨。

行为过程

反作用：
大脑会反弹，
再旋转回来。

扭力

➤ 我们刚刚讨论了推力和拉力。但如果你想让物体旋转或扭曲，就必须施加两个方向相反的力。用桌上的那本书试试看：将左手手指放在书的左上角，右手手指放在右下角。将左手向右推，右手向左推。这两个不同的力在相反的方向上产生作用力，从而将书转了起来。世界上并不只有推力和拉力，还有**扭力** *。

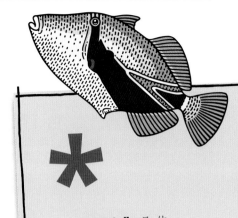

"扭力" 是使物体发生转动的一种特殊的力，写作 "torque"，最初来自拉丁语，后来成为法语单词。

本章小结

这三条运动定律适用于任何地方，任何事物。你和我也不例外，汽车、火车、大树、苍蝇、鱼、火箭或遥远的星系也无一例外。但事实上，物理学不仅离不开这三条运动定律，还需要其他各种力和定律，以及复杂的数学公式一起来帮助物理学家研究一切，包括地球上最小的粒子和寒冷黑暗的太空中最庞大、最遥远的星系。说到冷，那我们就来聊聊热。这是下一章的内容。

第7章

热量——
你需要知道的
自然法则

须知

热量的自然法则

➤ 我们都知道热，是因为我们能感受到它：当阳光照在你的脸上；当你的手里捧着一杯热巧克力；当体育课结束时你汗津津的胳肢窝；当你试图用树枝做的梯子爬上"敌人城堡"时，一大桶热乎乎的绿色黏液倒在你的头上和肩膀上……你永远不会忘记这些时刻。

什么是热量？热量是一种能量。科学地讲，能量是使物体运动和发生的动力。你能跑步，是因为你的身体从食物中获得能量。汽车能行驶，是因为汽油提供了能量。你能加热巧克力，也是因为灶台上的微波炉或火炉为它"注入"了能量。

这些例子显而易见。但是，当谈到热量的时候，我们不妨拓宽一下思维：牛奶、巧克力、杯子，还有你和我，这一切都是由极其微小的粒子——"原子"组成的。古希腊有位名叫德谟克利特的思想家曾想象将一样东西，比如苹果，切成两半，然后再切成两半。如此这般下去，直至苹果无法再继续分割。此时，这一点点苹果将是你能想象到的最小的事物。这就是"原子"这个词的由来，它的意思是"不可切割"。

事实证明，原子相互连接或结合而形成"分子"。正是由于原子和分子的运动，科学家们才能感受和测定热量。没错！温度是测量分子运动的一种方式。在接下来的几章里，我们将会介绍更多关于分子和原子的知识。

当你用冰冷的手指握住一杯温暖的可可时，一部分热量会转移到你手指的分子上。热量从可可转移到杯子，再转移到你的手上，使你暖和起来。同样，当你小口喝可可的时候，分子的运动也会转移到你的嘴唇、舌头和肚子里。当快速运动的分子相互碰撞时，你会感到温暖。

关于热量，你要知道的三个重点！

热量是神奇的！我们都很熟悉它，但它的运动方式，以及不同形式之间的转化令人惊叹。热量有三种运动方式。

1. 传导

当热量在相互接触的物体间流动时，就像你的手指握住那杯热可可一样，这个过程叫作**传导** *。或者，假设你在炎热的夏日跳进游泳池，凉爽的池水带走了你身上的热量。此时，能量从你身上流进了泳池。

"传导"（conduction）来自拉丁语，意思是"使聚在一起"。

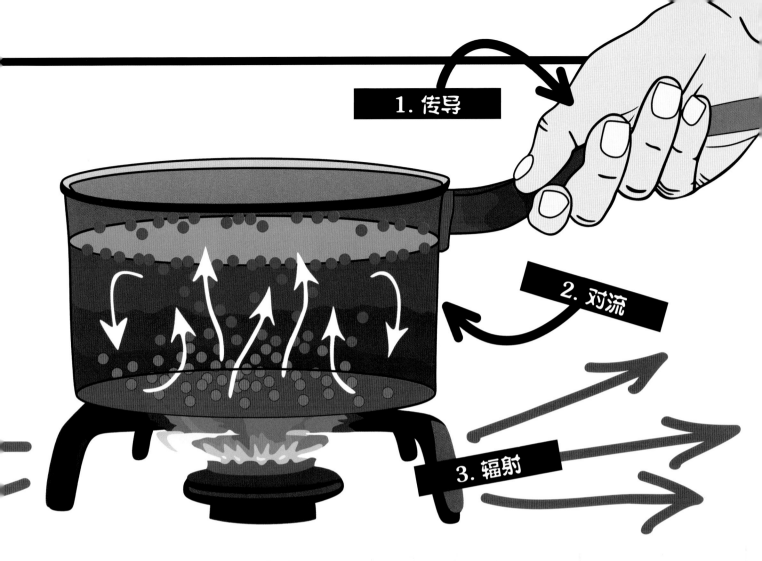

1. 传导

2. 对流

3. 辐射

试试这个！
传导

必需品：

一杯热水
一块黄油
金属小刀
塑料小刀

怎么做：

1. 倒杯热水，就像你平常泡茶一样（可以找爸爸妈妈帮忙）。

2. 将金属小刀和塑料小刀浸入水中15秒钟。

3. 试着用两把刀切黄油。

结果：金属小刀能轻易切下黄油，因为水的热量传导给了金属小刀，但没有多少热量传导给塑料小刀。顺便说一下，金属小刀可以像电线一样导电，但塑料小刀却像电线外的橡胶皮一样不能导电。这是巧合吗？再好好想想。

2. 对流 *

当液体或气体参与分子运动时——或者说，当热量随流体流动时，这种运动方式就是对流。科学地说，任何流动的事物都是流体。这意味着液态水、牛奶、热气球里的空气和生日气球里的氦气都是流体。

我们来花点时间想想热气球。当空气被加热时，其中的分子加速运动、不断碰撞，激烈程度远胜于在冷空气中。相较于用冷空气充气至同样大小的气球，热气球中的空气分子数量更多。热空气分子与气球外皮碰撞，使气球保持优美的形状。当热气球的燃烧器被点燃并加热气球内部空气至一定温度时，热气球就会受到周围冷空气的挤压。由于冷空气的挤压，热空气开始上升，我们称这种传热方式为"自然对流"。

再说回那杯热可可——如果不小心加热过头了，我们会用嘴轻轻地吹凉它。运动的空气分子，以及我们吹出的气体中的分子，将带走热可可的一部分热量。一部分热量从杯子转移到了流动的空气里，热可可渐渐变凉了。当你用嘴吹杯子的时候，空气因此动了起来，所以有时我们说这是由"强制对流"引起的热传递。

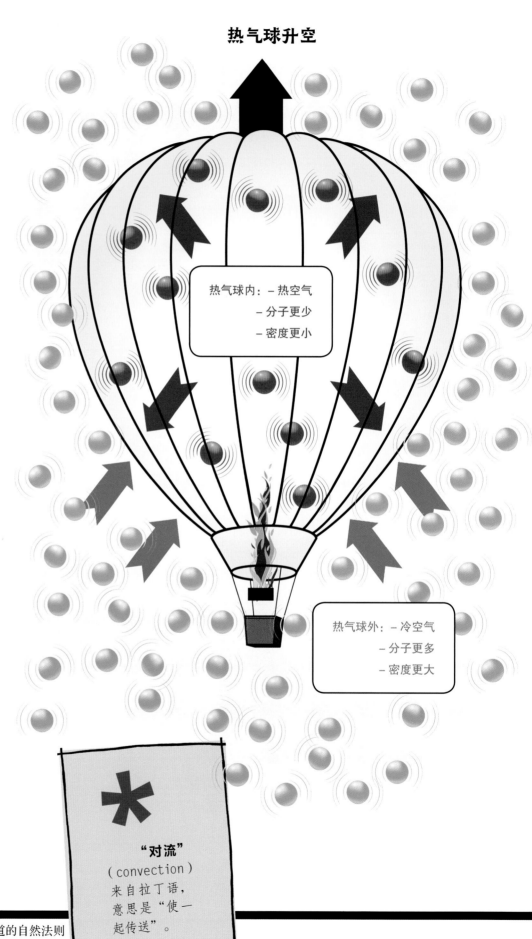

热气球升空

热气球内：– 热空气
– 分子更少
– 密度更小

热气球外：– 冷空气
– 分子更多
– 密度更大

"对流"
（convection）
来自拉丁语，意思是"使一起传送"。

"辐射"（radiation）来自拉丁语，原本用来描述车轮的辐条。比如自行车的车轮，辐条都是从中心向外辐射的。

3. 辐射 *

即使不发生接触，物体也会失去热量。如果一个物体，比如一杯热可可，温度比周围的任何东西都要高，它就会散发出热量，即便你不用冰冷的手去握住它。我们将这一过程称为"热辐射"。太阳的热量通过辐射传递给我们。当阳光照在你的肩膀上时，你会感到温暖，尽管你没有直接接触到太阳。热辐射经过外太空的真空到达地球。

电视遥控器有一个小小的发热灯泡，它能向电视或有线电视盒发射微小的脉冲或无形的热量。通过配对的电子设备，不同模式的热辐射脉冲能更换频道或调节音量。

放射性？

有些人特别害怕"辐射"这个词，因为它也用来描述原子辐射或核辐射。当原子碎片（人们后来发现原子还是可切割的）从放射性物质中辐射出来时，这的确令人害怕。但是，热辐射绝不是放射性的。二者根本不是一回事！

试试这个！
辐射

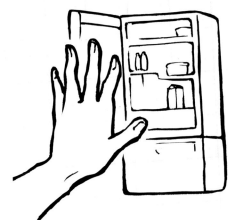

怎么做：

1. 站在离冰箱几步远的地方。

2. 张开手，掌心朝向冰箱门。

3. 请别人帮忙打开冰箱门，最好是冷冻室的门。

以上都是关于热量的重要知识。温度是测量分子运动的一种方式。热量通过传导、对流和辐射而传递。一旦你懂得热量是能量的另一种形式，就不难总结出热科学的主要定律。那么，我们现在就来说说这些定律——热力学定律。

结果：你感受到的温度变化并非由冰箱里的冷空气造成——除非你特别靠近冰箱，而是因为你手上的热量流向了温度更低的冰箱。也就是说，热量正从你的手中"散发"出来。这就是热辐射。

热力学定律

第一定律:

能量守恒定律

▶ 你不能创造或消灭能量:它只是从一个物体或系统移动到另一个物体或系统。当你摩擦手掌而产生热量的时候,实际上是你的肌肉从食物中获取了化学能,你再将这些能量转化成动能,最后变成了热能。当我们思考**热力学 ***时,最重要的定律是能量可以从一种形式转化为另一种形式,这一过程通常涉及热量。

还有一个重要的事实:自 138 亿年前宇宙形成以来,各种形式的能量一直存在于宇宙中。

"热力学"
(thermodynamics)
一词来自希腊语,意思是"热的运动"。

热力学小课堂

19世纪40年代,英国科学家詹姆斯·普雷斯科特·焦耳设计了一个绝妙的实验,用于测定热能并检验热力学第一定律。实验中,焦耳将一个小砝码系在一根细而结实的电线上,再将电线连接到一个桨轮上。桨轮被浸在一个精心密封的盛水容器中,以阻止热量向外流出。焦耳仔细地测量了水温,接着让砝码落下而带动桨轮旋转。水温有所上升。焦耳将动能换算成热能,并精确地测量了这种关系。正是因为他的研究,我们现在将焦耳作为能量单位。你可以看到食品外包装上的营养标签用"焦耳"或缩写的"J"标示出了所含能量,而不是卡路里(这种说法过时啦!)。不管怎样,我们都在测量食物中的化学能。燃烧吧,能量!

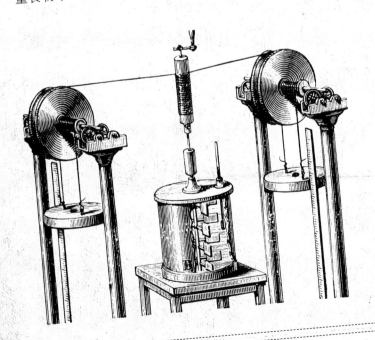

摩擦学

>> 摩擦学是一门研究摩擦的学科,也就是研究物体表面如何相互摩擦和滑动。摩擦就是将运动转化为热能。这也是焦耳实验的本质。莱昂纳多·达·芬奇是最早的摩擦学家之一,他认真研究了木块相互摩擦时会发生什么。

比如说,当你在木地板上滑行的时候,如果穿着运动鞋,就滑不了多远,因为摩擦很大。但如果你只穿着袜子,你会"哧溜"一下滑出很远——我可不是吓唬人。这是因为袜子和光滑的地板之间的摩擦小得多。当然,如果袜子和地板之间没有摩擦,你就会一直滑下去。你还可能一头撞在墙壁上,甚至把墙撞穿。如果你最后到了花园或操场上,那一定很滑稽。但如果你住在楼上,那么你撞穿墙壁后就有可能撞上几层楼高的公寓。人在半空的时候,你就能体会到摩擦的重要性了吧!所以,各位未来的摩擦学家,咱们就待在屋里,踏踏实实地学习第一定律吧!

第二定律：

热能向外散发

▶ 关于第二定律，首先要知道的是，热量只能沿一个方向转移，即从高温物体转移到低温物体。热量永远不可能自发地从低温物体向高温物体转移。这是热力学第二定律的核心思想——**热能向外散发 ***。由于热能向外散发，湖水绝不会在炎热的夏季自然结冰，除非湖水中的热能从温度更低的水中流向上方温度更高的空气——这是不可能的，除非我们提供或消耗一些能量使热量向反方向转移。我们可以，我们也的确做到了——通过冰箱和空调，但这需要使用额外的能量，而且这部分能量是无法收回的。科学地讲，当我们这样做的时候，并不存在"冷"这回事儿，热量只是被转移走了而已。

固体　　　　　　液体　　　　　　气体

冷 ————————————————→ 热

为了从科学，尤其是数学角度表述第二定律，我们要用到"**熵**"（entropy）这个关键词。它来自希腊语，意思是"从内部发生变化"。

帮帮忙！

当然，这个想法以我们现在所知道的一切为基础。谁也不知道很快会出现什么样的新科学和热力学。也许宇宙会朝着一个非熵的新方向发展。也许你就是那位解开谜题的科学家！

宇宙开关

哎呀，宇宙的尽头很无聊！

一部分能量因转化成热能而发生损耗。这个事实可能会给我们的宇宙带来一个非常悲惨的结局。几十亿年后，如果所有恒星（以及自行车和空调）散发的全部热量以某种方式均匀地分布在浩瀚的外太空，如此遥远，以至于我们无法以任何有效的方式加以利用，那么宇宙终将成为一个死气沉沉的虚空，什么都没有，什么也不会发生。这很诡异，也很难想象。但即使这一切真的会发生，也不会很快就发生。我们的世界自有烦恼，但只要太阳和星星还在闪耀，就会有足够的能量维持一切事物的运转。

自行车小知识

当我们使用一种能量，或将其从一种形式转化为另一种形式的时候，其中的一部分能量总是转化为热量。这通常不是件好事。这意味着我们得多付出一点点能量，才能做成一件事。就像地球上，甚至可能和宇宙中的其他生物一样，我们一直都在竭力对抗"熵"，即热力学第二定律——热量的散发。

比如，当你骑自行车的时候，轮胎上的橡胶会随着车轮的转动而受到挤压以至于变形，链条上的销钉和链环相互摩擦，车轮和踏板轴上的金属或玻璃球也受到挤压，润滑油同样如此。这些摩擦和挤压的能量转化为热量。这部分热量辐射到空气里，最终进入太空。这看起来可能很奇怪，因为你从没在意过。但这些能量还能去哪儿呢？否则，当你停止踩脚踏板的时候，自行车为什么会减速？不管怎样，这些辛辛苦苦付出的能量总是会消失的。即便如此，也请继续踩脚踏板。这对你、对地球都有好处。我们将在第 14 章里讨论原因。

温度

我们有几种不同的温度测量标准，它们都是以科学家或工程师的名字命名的。

华伦海特

华氏温标是以丹尼尔·加布里埃尔·华伦海特的名字命名的，用符号"℉"表示。作为温度测量"第一人"，华伦海特在1724年公开了他的伟大想法。一开始，他用氯化铵（一种盐）、冰和水在实验室里制造最低温度，并以此为起点深入研究。回想起来，冰点是32℉，沸点是212℉，似乎有些奇怪。不过，他的温标逐渐受到公众的认可，因为他还发明了水银温度计。这是过去两百多年来最好用的温度计。

摄尔修斯

摄氏温标是以瑞典天文学家安德斯·摄尔修斯的名字命名的。早在18世纪40年代，摄尔修斯就提出了测量热量的想法。他建议将水结冰的温度定为"0度"，而水沸腾的温度定为"100度"。今天，世界上大多数人都使用摄氏温标，表达为"摄氏度"或"℃"。

开尔文

威廉·汤姆森，也称"开尔文勋爵"，他曾尝试计算地球的年龄，但没有成功。开尔文做了一些非常重要的工作，包括研究热量的性质及其转移方式。为表达纪念，我们用他的名字命名了一个基于绝对零度的温标，单位是"开尔文"，用字母K表示。1K相当于1℃，但开尔文温标以绝对零度作为测量起点。绝对零度是0K（约-273.15℃或者-459.67℉），你所在房间的温度大约是295K。

在实践中，开尔文常用于测量光源的色温。色温是照明光学中用于定义光源颜色的一个物理量。即把某个黑体加热到一个温度，其发射的光的颜色与某个光源所发射的光的颜色相同时，这个黑体加热的温度称之为该光源的颜色温度，即色温。如钨丝灯的色温约为2 700K，荧光灯的色温约为6 000K。

兰金

对了，朋友们，还有一种老式的绝对温标，用符号"R"表示。它是以苏格兰工程师威廉·兰金的名字命名的。兰金温标的绝对零度也是-459.67℉。20世纪80年代，当我刚开始工程师的工作时，我用的就是兰金温标。但因为使用不便，现在只有少数人还在用它。

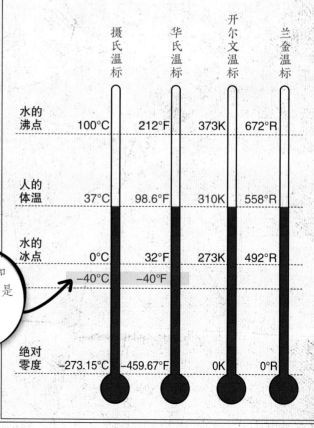

当你用温度计测量温度时，你测量的其实是分子运动而产生的能量。运动的分子在撞击液体温度计的玻璃管或烤箱温度计的金属棒时，它们的一部分能量会转移到温度计上。当温度计液体中的分子加速移动时，因激烈碰撞而被弹射得更远。最终，温度计中的液体膨胀并在玻璃管中向上移动。

	摄氏温标	华氏温标	开尔文温标	兰金温标
水的沸点	100℃	212℉	373K	672°R
人的体温	37℃	98.6℉	310K	558°R
水的冰点	0℃	32℉	273K	492°R
	-40℃	-40℉		
绝对零度	-273.15℃	-459.67℉	0K	0°R

摄氏温度和华氏温度都是-40度，真奇怪！

第三定律：

绝对零度无法实现

▶ 最后一条定律很冷，非常冷。热量是分子运动而产生的。较热的分子比较冷的分子运动快。但分子有可能停止运动吗？假设我们能使物体的温度降到很低很低——比冰山的温度还低，那么分子运动就会越来越慢。如果我们能让温度降低到使分子几乎停止运动呢？分子停止运动的温度，也是最冷的温度，我们称之为"绝对零度"，是 –273.15℃（或 –459.67℉）。–273.15℃代表冰点以下 273.15℃。这一温度下，绝不会有任何运动。什么都没有。然而，热力学的第三定律告诉我们：绝对零度永远无法实现。无论你如何在厨房（或实验室）里努力，也不可能产生绝对零度。当你竭尽全力使物体保持绝对静止的时候，总有些热量使它运动——也就是分子永远在运动。

几乎为 0

为理解热量和物质，科学家用适量的能量向原子发射激光，使原子几乎完全静止。他们使原子温度仅比绝对零度高 0.000 000 02 度，原子非常接近于绝对零运动。你可能很好奇，为什么有人需要这么低的温度？事实证明，在这种超低温的条件下，数十亿个原子形成的原子团聚集在一起，就像被同一个大脑控制的一群机器人。这种情况被称为玻色－爱因斯坦凝聚。你没听错，就是那个发型凌乱、思维奔放的爱因斯坦——我们会在接下来的几章里探讨他的想法。阿尔伯特·爱因斯坦和一位杰出的印度物理学家萨特延德拉·纳特·玻色预测，如果你能将一团原子的温度降到足够低，它们就会变成上面所说的那样。这个预测在几十年后得到证实。我们对分子、宇宙以及世界上奇特的规律越来越了解。

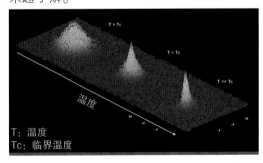

T：温度
Tc：临界温度

本章小结

这就是热力学定律——热科学。如果你还没明白热量的重要性，不妨想象一下：在黑暗的外太空深处，远离任何恒星的地方，虽然平均温度不是绝对零度，因为恒星发出的光和热足以将那里的温度维持在 2.7K，但和 295K 的房间相比，那里还是很冷的。记住，热量是从高温物体向低温物体转移的。所有热量都会辐射到太空，我们的头顶也会暴露在寒冷的太空中，但现实并非如此，因为大气层中的空气保存了地球上的热量，所以我们很温暖，至少比飘浮在无尽的太空中更温暖。如果你想舒服地坐着、站着或飘浮，还得回到温暖而忙碌的地球上，学习更多关于这些定律和粒子运动的知识。正是有了它们，我们的世界才如此有趣。

第8章

化学物质和化学反应

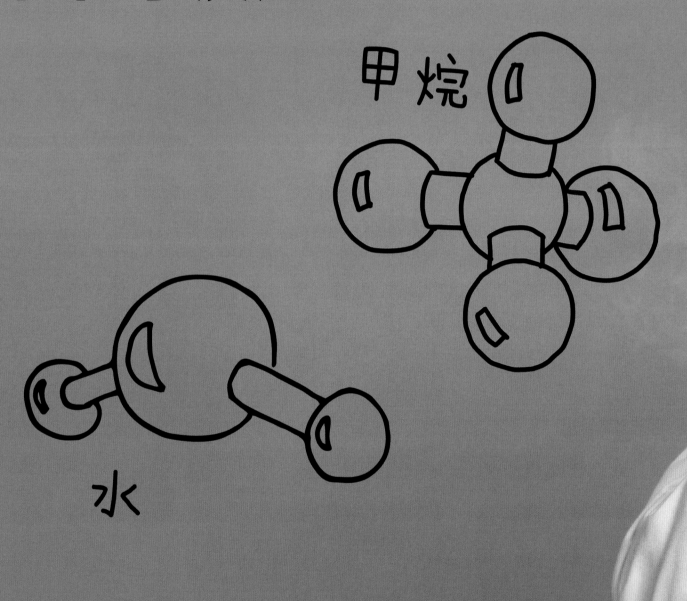

甲烷

水

氧气

▶ 世界上的一切都是由化学物质构成的。

世界上的一切都是由化学物质构成的，你的鞋，还有你的三明治，你的自行车，包括你小时候用过的那个小杯子……一切都是化学物质构成的。

所有这些化学物质都是由我们在上一章里提到的微小粒子——原子构成的。几个世纪前，当人们首次使用"原子"这个词时，他们可能认为原子是自然界中最小的东西，没有比原子更小的东西了，而且原子是"不可切割"的。事实证明，原子是由更小的粒子组成的，而粒子是由更更小的粒子组成的，我们将在第10章里讨论它们。然而，要学习化学，我们只需认识其中一些粒子。你可能已经听说过它们。那我们开始吧。

> 有人曾经问我，是不是99%的食物和饮料都是由化学物质构成的。我告诉他，这个数字很接近，但正确答案是100%。所有吃的喝的都是由化学物质构成的。"
>
> ——化学家 加文·萨克斯

特别重要的粒子

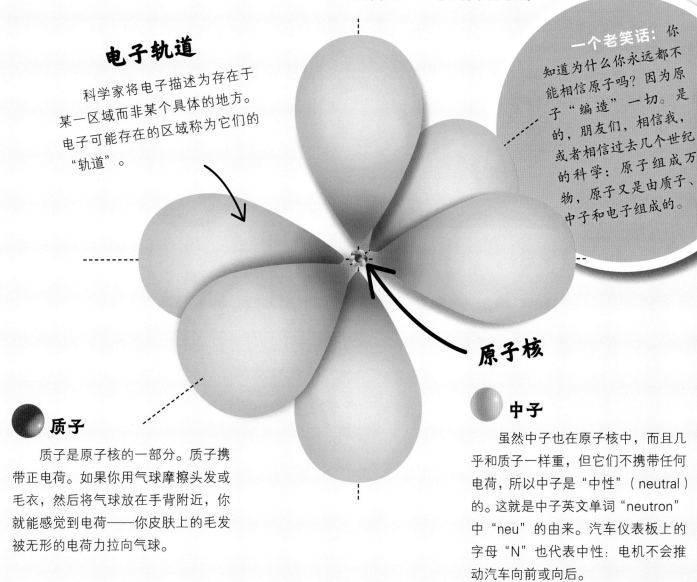

电子

电子比质子小得多，也轻得多。它们在原子核外绕原子核快速运动。它们携带的电荷和质子的电荷一样大，只是正好相反——电子携带负电荷。

电子轨道

科学家将电子描述为存在于某一区域而非某个具体的地方。电子可能存在的区域称为它们的"轨道"。

一个老笑话：你知道为什么你永远都不能相信原子吗？因为原子"编造"一切。是的，朋友们，相信我，或者相信过去几个世纪的科学：原子组成万物，原子又是由质子、中子和电子组成的。

原子核

质子

质子是原子核的一部分。质子携带正电荷。如果你用气球摩擦头发或毛衣，然后将气球放在手背附近，你就能感觉到电荷——你皮肤上的毛发被无形的电荷力拉向气球。

中子

虽然中子也在原子核中，而且几乎和质子一样重，但它们不携带任何电荷，所以中子是"中性"（neutral）的。这就是中子英文单词"neutron"中"neu"的由来。汽车仪表板上的字母"N"也代表中性：电机不会推动汽车向前或向后。

>> 每个原子都有一定数量的质子。在过去几百年里，我们已经找到了计算各种类型原子中质子数量的方法。我们将任何具有特定（可数）数量质子的原子称为"化学元素"。

氧是一种化学元素，有 8 个质子。氢、碳和金也是化学元素，分别具有 1 个、6 个和 79 个质子。

自然界中有 92 种化学元素，地球的一切都是由其中的一种或多种构成的。但在我写下这段文字时，科学家又创造出 26 种非天然的元素。所以，现在共有 118 种元素。但是人造元素无法长时间存在，它们会随时间推移而变化和分解。如果它们在几十亿年前太阳形成时就已存在，那么它们都已慢慢变成我们今天所认识的样子了。前 92 种元素，我们称之为"自然元素"，是最值得研究的元素。虽然数量不多，但人、桥梁、纸杯蛋糕、恒星、行星、树、鱼、长颈鹿、人行横道油漆，还有那个小杯子，都来自这 92 种元素！

所有元素都被排列进一张元素周期表内。它是由俄国化学家德米特里·门捷列夫于1869年发现并提出的。元素周期表是人类历史上一个伟大的发现，它不仅列出了所有元素，还告诉人们哪些元素会相互结合。门捷列夫甚至用它来预测当时尚未被发现的元素，以及它们的熔点。之后，科学家不断探索并发现了那些元素。它们的熔点果然如门捷列夫所预测。太神奇了！

元素周期表告诉我们，某些化学物质一旦相遇，就会像两个好朋友一样"拥抱"在一起。某些会爆炸，但更多的却是不融合。通过研究元素周期表，科学家创造出了此前从未在自然界中被发现的物质，利用能源来耕种粮食，使得从太空拍摄照片和印刷书籍成为可能。然而，元素周期表的排列方式却非常简单。每个元素都有一个数字，即"原子序数"，它是元素原子核中的质子数。原子序数是元素周期表排列的关键。让我们来看看这些奇妙的元素吧！

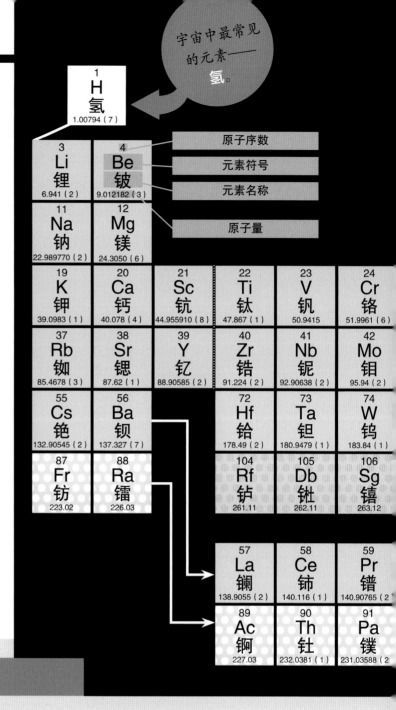

宇宙中最常见的元素——氢。

原子序数
元素符号
元素名称
原子量

明星元素

H 氢

氢是元素周期表中的第一个元素，因为它只有1个质子。氢也是宇宙中最常见的元素。氢有些特别，因为它能与许多元素相结合。没有氢，就不会有水、阳光、糖、纸，甚至人类。

He 氦

排在氢之后的是氦，它只有2个质子。氦是一种特殊的元素：由于多了1个质子，它的行为方式和氢完全不同。氦不与任何元素相结合，也就没有"氦水""氦糖"或"氦塑料"。氦就是我们所说的惰性气体。

C 碳

我们向前跳过几个元素，来到原子序数6，那是碳，它有6个质子。你可能听说过二氧化碳、碳排放和碳足迹。碳的重要性在于它能与其他元素轻易结合。碳元素还能与自身相结合，形成铅笔里的石墨和闪耀的钻石——它们都是碳。

比尔的元素周期表

2 He 氦 4.002602（2）

图例：

- 固态
- 液态
- 气态
- 类金属，几乎是金属
- 天然的，放射性的
- 人造的，放射性的
- 固态、气态同时存在

5 B 硼 10.811（7）	6 C 碳 12.0107（8）	7 N 氮 14.0067（2）	8 O 氧 15.9994（3）	9 F 氟 18.9984032（5）	10 Ne 氖 20.1797（6）
13 Al 铝 26.981538（2）	14 Si 硅 28.0855（3）	15 P 磷 30.973761（2）	16 S 硫 32.065（5）	17 Cl 氯 35.453（2）	18 Ar 氩 39.948（1）

25 Mn 锰 4.938049（9）	26 Fe 铁 55.845（2）	27 Co 钴 58.933200（9）	28 Ni 镍 58.6934（2）	29 Cu 铜 63.546（3）	30 Zn 锌 65.409（4）	31 Ga 镓 69.723（1）	32 Ge 锗 72.64（1）	33 As 砷 74.92160（2）	34 Se 硒 78.96（3）	35 Br 溴 79.904（1）	36 Kr 氪 83.798（2）
43 Tc 锝 97.907	44 Ru 钌 101.07（2）	45 Rh 铑 102.90550（2）	46 Pd 钯 106.42（1）	47 Ag 银 107.8682（2）	48 Cd 镉 112.411（8）	49 In 铟 114.818（3）	50 Sn 锡 118.710（7）	51 Sb 锑 121.760（1）	52 Te 碲 127.60（3）	53 I 碘 126.90447（3）	54 Xe 氙 131.293（6）
75 Re 铼 186.207（1）	76 Os 锇 190.23（3）	77 Ir 铱 192.217（3）	78 Pt 铂 195.078（2）	79 Au 金 196.96655（2）	80 Hg 汞 200.59（2）	81 Tl 铊 204.3833（2）	82 Pb 铅 207.2（1）	83 Bi 铋 208.98038（2）	84 Po 钋 208.98	85 At 砹 209.99	86 Rn 氡 222.02
107 Bh 铍 264.12	108 Hs 𬭛 265.13	109 Mt 鿏 266.13	110 Ds 𫟼 (269)	111 Rg 𬬭 (272)	112 Cn 鎶 (277)	113 Nh 钦 (286)	114 Fl 铁 (289)	115 Mc 镆 (288)	116 Lv 𫟷 (293)	117 Ts 础 (294)	118 Og 氮 (294)

60 Nd 钕 144.24（3）	61 Pm 钷 144.91	62 Sm 钐 150.36（3）	63 Eu 铕 151.964（1）	64 Gd 钆 157.25（3）	65 Tb 铽 158.92534（2）	66 Dy 镝 162.500（1）	67 Ho 钬 164.93032（2）	68 Er 铒 167.259（3）	69 Tm 铥 168.93421（2）	70 Yb 镱 173.04（3）	71 Lu 镥 174.967（1）
92 U 铀 38.02891（3）	93 Np 镎 237.05	94 Pu 钚 244.06	95 Am 镅 243.06	96 Cm 锔 247.07	97 Bk 锫 247.07	98 Cf 锎 251.08	99 Es 锿 252.08	100 Fm 镄 257.10	101 Md 钔 258.10	102 No 锘 259.10	103 Lr 铹 260.11

Li 锂

回头看看锂。锂有 3 个质子，它在我们的生活中很重要。我们的智能手机、电脑和电动汽车都需要锂电池。科学家发现了它，将它从其他元素中分离出来，并学会了如何使用它。太神奇了！

O 氧

原子序数为 8 时，我们发现了氧。氧气约占大气的五分之一。地壳或地表岩石的一半也是氧。氧气能与其他元素发生反应，它使钢铁生锈，使血液变成红色。我们通过氧气从食物中获取能量。

>> 来说说铝（13 号），我们用它来制造飞机、自行车和爆米花罐。我有一辆叫"6-13"的自行车，因为它是由碳（6 号）和铝（13 号）制成的。继续沿着元素周期表前进，可以发现银（47 号）和铱（77 号）。我们可以一直数到 118 号元素——氮（oganesson）。没错，它有 118 个质子。虽然我非常希望为大家介绍周期表中的每一个元素，但我要把大部分工作留给你们——成长中的化学家。

为什么化学物质能结合？
你要知道的重点！

大家都喜欢拿氦开玩笑，比如，"嘿，氦，你为什么不能发生这种化学反应？"好吧，反正它也不在乎自己能不能发生反应……

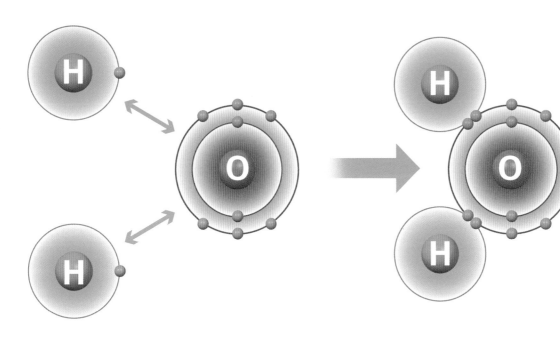

为什么这些化学物质会结合？答案是：电子。化学反应取决于元素共享或互换电子的时间、方式和强度。电子从宇宙起源就一直存在，虽然它们被原子中心带正电荷的原子核所吸引，但它们从未靠得太近。科学家发现，电子在原子核外排布成不同的能级，称为"轨道"或"壳层"。不同轨道上的电子数量不同。随着原子序数的增加——或者说，质子数的增加，轨道或壳层会渐渐填满。电子占据越来越高的能级。如果一个原子在某一壳层或轨道上有1个或多个"空位"，它就有可能与另一个原子共享或互换电子，并形成化学键。相反，如果原子最外层的能级是满的，那么就根本不会发生反应。

元素周期表中的第一个化学元素**氢** *，它的轨道上只有1个电子。对于你遇到的每个原子，第一层能级可以容纳两个电子。所以氢原子有"空位"容纳另一个电子。如果遇上另一种有多余电子的化学物质，氢就能与它发生反应，也包括氢自己。你可能在科学中心或互联网上看到过氢气球的演示。两个氢原子组成氢分子，许许多多的氢分子再组成氢气。氢能轻易与自身结合，也能与氧结合。当氢和氧快速结合时，它们会爆炸。爆炸后，氢和氧结合在一起形成水，一点点将空气润湿。

另一方面，氦有两个电子。它的第一个也是唯一的一个轨道总是满的，所以氦通常不会与其他元素发生反应。

"氢"（hydrogen）来自希腊语，意思是"制造水"。也许你认识水的化学式——H_2O。

碳创造了生命，谢谢！

碳很重要，因为它有着特殊的电子排布。同所有原子一样，碳原子核周围的壳层中也有电子。观察元素周期表，你会发现碳总共有 6 个电子，与它原子核中的 6 个质子相匹配。但它的外轨道上可容纳 10 个电子，因此"空出"了 4 个位置以形成化学键。碳是个重要的元素，它能发生很多化学反应。如果将碳比作小狗，碳会乐意地"拥抱"其他元素来填补这些"空位"。当碳原子相互结合时，会形成更牢固的化学键。碳是关键的生命成分之一，你和我，以及我们认识的每个人都是碳基生命形式。

>> 你能用别的东西创造生命吗？科幻小说家创作了硅基生命形式的故事。硅也是个不错的选择。它就在元素周期表上碳的正下方，它也有几个"空位"来容纳更多电子。但你可能需要一个温度不同、大气更厚的世界。在我们的地球上，碳才是理想的生命基础。

试试这个！
酵母充气的气球

必需品：

一袋酵母

气球

塑料瓶（1 升或 2 升的容量）

糖（5 克或 1 茶匙）

温水（120 毫升或 1/2 杯）

怎么做：

1. 先将温水倒进瓶子里。

2. 倒入糖。

3. 摇晃瓶子使糖溶解。

4. 加入酵母。

5. 将气球套在瓶口。

6. 观察气泡和气球膨胀。只需几分钟。

结果：酵母正在发生化学反应。酵母吸收糖类化学物质，并释放出二氧化碳分子（CO_2）。顺便说一下，动物，包括人也会发生这种化学反应。

反应速率

如果能让一件事情发生得更快，谁愿意等待呢？化学家使用各种技巧和技术来提高反应速率，也就是化学反应发生的速度。虽然化学家处理的试剂通常大到肉眼可见，但化学反应是在构成试剂的微小原子和分子之间发生的。化学反应就是你努力使这些粒子相互碰撞的过程。当你在化学实验中提高反应速率时，其实是加速粒子碰撞。我的化学家朋友维多利亚·布伦南告诉了我一个简单的方法来提高反应速率。

格丹肯 *：孩子就像分子

想象一下教室里有一群学生。他们在一定情况下会发生碰撞，就像分子一样。现在，思考一下化学家用来提高反应速率的三个技巧——在什么情况下碰撞会更激烈？

1. 升高温度

在想象中的教室里，如果所有孩子都是筋疲力尽的，或者因为周一早上而闷闷不乐，碰撞就不会发生得太快。但如果教室里温度升高，孩子们一定会跑来跑去想逃离教室，也会更频繁地撞到对方。他们的碰撞更加激烈，而更多的碰撞意味着更多的反应。

2. 增加压力

如果你无法升高温度，那么另一个选择就是增加房间的压力。要做到这一点，你可以通过缩小房间而减少孩子们活动的空间，你也可以用扩音器召集全校师生来这个教室里开会。同一空间里，如果学生数量增多，压力就会加大。当几百名学生挤在一个房间里时，他们肯定会撞在一起，更多的碰撞意味着更高的反应速率。

"格丹肯实验"（gedankenexperiment），一个非常酷的德语单词，意思是"思想实验"，也就是用想象力进行的科学实验。爱因斯坦就实施过思想实验，所以它们也许是有用的。显然，我们并不可能真的让一群孩子在教室里相互碰撞。这实在太危险了！

3. 添加催化剂

催化剂是在化学反应中加入的一种化学物质，其原理是无需升温或加压就能迅速产生相同的结果。催化剂就像一条捷径。拿教室举例，如果地板变得超级光滑，那么一个孩子滑倒并撞上另一个孩子之后，第二个孩子接着会撞上第三个孩子……如此继续下去，孩子们一个接一个地滑倒并撞上别人。这就是催化剂。

电池小知识

"只剩 12% 了！怎么活下来？"

可充电电池通过化学反应为我们心爱的电子设备供电。电池的一部分原材料是钴、锰、铁或磷的原子，这些原子具有一些额外的电子。电池的另一部分材料是锂原子，它们缺少电子。因为它们缺少电子，所以被称为锂离子，它们带正电荷。当你使用手机时，这些锂离子快速移动到电池的另一侧，以靠近其他材料的电子。与此同时，电流流向了你的手机。然而，当足够多的锂离子移动时，手机电量就会渐渐耗尽。游戏、短信和上网让手机的电量从 20% 降到 12% 再到……关机！给电池充电就能将所有锂离子推回到原来那一侧。

任务表

找到更好的催化剂

你可能听说过"燃料电池"。这种电池将空气中的氢气和氧气结合起来而发电。顺便说一下，这一过程产生的废物只有水。更具体地说，是水蒸气。但现在的燃料电池依赖昂贵的催化剂，主要是铂。铂常用于制作珠宝首饰，而且十分昂贵。化学家总是在为各种东西，尤其是燃料电池，寻找更廉价的催化剂。各位小小科学家，你们还有项使命，那就是去寻找物美价廉的催化剂。

硬币

镍币不是由大量镍制成的，便士也不再含大量的铜。在元素周期表上，铜就在镍的旁边。自从我们发现了铜的导电性能，它的价值就远远超过了作为货币的用途。换言之，用铜制造1便士的成本比1便士本身还高。现在，便士主要由锌制成，锌有30个质子，紧跟着元素周期表上的铜。改变原子序数中的一个质子听上去并不要紧，但实际上会对金属的特性产生巨大影响。尤其对于硬币而言，它们的价值受到了影响。

奇趣"玩具"

手套箱

化学物质的反应有时会引起爆炸。那么，如何在保证安全的情况下开展化学实验呢？化学家使用一种叫作手套箱的仪器，它的确是个带手套的箱子。如图所示，这个箱子通常是一个透明的密封室。手套可以拉伸至肘部，方便你伸手进去移动东西。科学家研究的化学物质有时非常活跃，当它们与氧气甚至仅仅是普通空气中的水分结合时，就会燃烧起来。因此，这些手套箱能将密封室中的所有空气吸出，以纯氩气或纯氮气取而代之——它们几乎不与其他物质发生反应。这种方法可以防止严重的爆炸。接着，勇敢的化学家开始打破一些化学键，并形成新的化学键，从而产生全新的化学物质。

> 许多科学领域都以自然为研究对象。在化学方面，我们还可以创造出世界上从未有过的新事物。因此，这是一个非常神奇的领域，因为你唯一的限制就是你的想象力。"
>
> ——化学家 里奇蒙德·萨尔蓬

零食小知识

苹果为什么变成棕色？

咬下一大块苹果后，你就去忙别的了。比如，玩几轮游戏，去院子里割草，或者主动为家人洗衣服。当你想回去接着吃苹果时，你会发现果肉已经变成了棕色。孩子们，苹果还是好的！它的表面只是发生了化学反应。空气中的氧气与苹果中的化学物质发生了反应，其中包括一种复杂的分子，我们称之为酶。氧气、酶和苹果之间的反应会产生一种褐色的化学物质，这并不影响我们继续吃苹果。

潮流一刻

科学界最酷的实验服

当然，有人可能会说，最好的实验服是比尔·奈实验室里那些敬业的研究人员穿的。但我觉得化学家的实验服才是最好的，他们平时处理的化学物质在接触空气或水时会着火。这可是很危险的！因此，许多化学家都穿着防火的实验服和披风。是的，披风！毕竟，化学家很像超级英雄。

马尿的价值

曾经，一些非常非常聪明的人相信他们能将各种材料变成黄金。这些满怀希望的人被称为炼金术士，艾萨克·牛顿爵士就是其中之一。然而，并非所有人都坚持采用科学方法。17世纪，德国炼金术士亨尼格·布兰德相信自己能从一个不可思议的原料——尿液中提取黄金。他认为，既然尿液是金黄色的，那么其中一定隐藏着一些贵重金属。布兰德收集了大量尿液，包括马和爱喝啤酒的人的，然后将其煮沸来寻找金子。但他并没有发现新的财富来源，而是得到了一种在黑暗中发光的奇怪物质。我们今天知道这种物质就是化学元素磷，它有15个质子，能用于多个领域。磷是我们DNA中不可或缺的一部分。它帮助细胞储存能量，是农作物的肥料，还能在黑暗中发光。布兰德也许没能找到他心心念念的黄金，但他确实成名了。他的辛勤工作证明，伟大的科学往往发生在意想不到的地方。

须知

酸和碱

▶ 你也许听说过酸。它们能与各种物质发生反应。它们还能从一种化学物质中提取另一种化学物质。当我们提起酸时，我们常常联想到溶解物质，酸醋能轻易使盐溶解。酸是一回事，那你听说过碱吗？碱就像酸的对立面。它们也能引起化学反应，但它们的作用方式可能与我们想象的相反。

必需品：

紫甘蓝

水（1 000毫升）

烧水壶

耐热玻璃容器，可

以盛放沸腾的水

隔热手套

耐热玻璃瓶，适合

储存液体

筛子或过滤器

两个以上透明玻璃杯

滴管或者很小的勺子

醋

小苏打（碳酸氢钠）

门窗清洁剂

柠檬汁

怎么做：

1. 将紫甘蓝叶子撕成细条（如果你有搅拌机或食品加工机，也可以用它们）。

2. 把水烧开。

3. 将紫甘蓝条放入玻璃容器中。

4. 戴上隔热手套，将开水倒在紫甘蓝条上，注意防烫。

5. 静置10分钟。

6. 通过筛子或过滤器，把液体滤入玻璃瓶中。

这就是"指示液"。因为它在后面的用途广泛，我们称它为"通用指示液"。紫甘蓝含有一种叫作"花青素"（anthocyanin）的化学物质，它来自希腊语和德语，意思是"蓝色花朵"。

7. 将一些指示液倒入一个玻璃杯中，用滴管或小勺子加入一些醋，它会变色。

8. 将一些指示液倒入另一个玻璃杯中，用滴管或小勺子加入一些小苏打，它会变成不同的颜色。

9. 再试试分别加入门窗清洁剂和柠檬汁。

结果： 当指示液变为红色时，意味着你添加的化学物质呈酸性，它们向指示液提供了1个质子。当指示液变为绿色或黄色时，意味着指示液向你添加的化学物质提供了1个质子。这就是化学家口中的"碱"或"碱性"溶液。

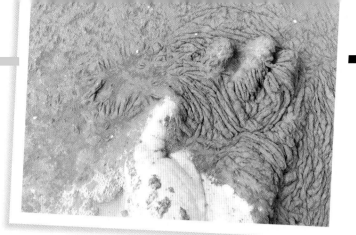

是肥料，
不是毒药

　　20 世纪初，两位德国化学家弗里茨·哈伯和卡尔·博施掌握了一种化学反应，称为"哈伯－博施法"。哈伯发现，特定形式的氮与氢分子结合会产生一种称为氨的化学物质。你可能闻过玻璃清洁喷雾剂的气味，那就是氨。你可以放心地用手去碰它，但不能喝下去。氨也是植物的肥料，没有它，植物就无法健康生长。没有植物，就没有地球，更不用说人类。随着化学学科的发展，人们发现用哈伯－博施法能非常简便地将氨制成肥料。如果没有哈伯－博施法，就不可能种植出足够的农作物来养活目前生活在地球上的 80 亿人，更不用说到 2060 年人口将增至 90 亿甚至 100 亿。我的化学家朋友布拉迪·科塞特对此深信不疑。

　　然而，这种化学反应也有不足之处。我们现在十分擅长生产氨和肥料，它们的价格因此越来越便宜。农民常常在种植作物的土壤上过度施肥，生活在郊区的居民会将大量肥料倾倒在可爱的草坪上。这些多余的肥料渗入地下水中，或随雨水一同流入池塘、湖泊和海洋。这为海藻和海草提供了丰富的营养，引起大量繁殖。它们会与其他水下生物"争夺"水中的氧气，或使鱼无法四处游动和觅食。这是一个由废料引起的严重问题，但也是一个我们可以解决的问题。

> 化学能解释一切。物理告诉你原子里有什么，但如果你想知道树为什么生长，或者手机是如何工作的，那都是化学反应。化学就是一切！"
>
> ——化学家 布拉迪·科塞特

光合作用

　　我们在第 3 章"基础植物学"里就提到了光合作用。我们再快速复习一遍。为什么？因为这是地球上最惊人的化学反应之一！植物从它漂浮的海里或生长的土地里收集水分，并将水与从空气或海洋中吸收的二氧化碳相结合，再利用来自太阳光的能量驱动水和二氧化碳之间的化学反应，从而长出更多的植物。

　　为了发生光合作用，植物需要另一种化合物——**叶绿素***。科学家用了数十年时间才理解这一复杂的化学反应。反应过程中，阳光还帮助植物产生一种叫作葡萄糖的有机化合物。葡萄糖是生物的养分来源，包括植物和以植物为食的动物。和我们一样，植物在光合作用中也产生"废物"。对植物而言，主要的"废物"是氧气。太好了！我们的呼吸离不开氧气。

"叶绿素"（chlorophyll）来自希腊语，意思是"绿色的叶子"。

　　想象一下，大自然是如何通过这种化学反应形成的。从翠绿的草叶到长达几十米的海草，再到高达 100 米的红杉——它们已生存了一千多年。

本章小结

　　化学改变了世界，因为一切都是由化学物质构成的。了解它们如何相互反应，以及如何吸收、储存和释放能量，是我们理解宇宙的关键，也关乎人类的未来。接下来，我们将讨论一种随处可见的能量形式。

第9章

阳光、星光
和好友ROY
的秘密

➤ 光没有重量。

光的质量为零。你没法把光装进瓶子里再放到冰箱。地球上的大部分光来自外太空，来自恒星，比如太阳。阳光中的能量帮助植物长出叶子、果实和根，为人类和其他动物提供食物。当然，我们也用电来产生光。但与来自太阳的光相比，地球上所有的光加在一起也微不足道。要理解宇宙，我们必须理解光。

环顾房间，或者看看附近的仙人掌和树木。当你看向这些物体时，你并未真正看见它们；你看见的是从这些物体上反射回来的光。更具体地说，**光线** * 从太阳或其他光源发出并照射到一个物体上，一旦眼睛接收到从物体上反射的光线，你的大脑里就会形成一幅画面，这样就能"看见"这位"不速之客"了。

没有什么比光传播的速度还快。一定要相信我，尽管科学家一直在寻找更快的事物。在一无所有的真空里，光以每秒近 3 亿米的速度传播。那是多快？月球距离地球约 38 万千米，宇航员需要 3 天才能到达月球，光却能在 1 秒钟左右去到那里！

"**光线**"是指光以"射线"的形式从太阳、手电筒或火炬等光源发出。因此，我们也将一个描述热的词用于光——光"辐射"。

光线会弯曲

➤ 当你看到手电筒发出的光束时，也许会认为光是直线传播的。这种想法大致正确，光线的确沿直线在空气或外太空里传播。事实上，光线、微波、雷达射束和 X 射线都是光的形式。当它们撞上物体时，会发生弯曲或改变方向。光线改变方向的一种方式是"反射"，比如，光线从镜子或闪亮的勺子上反射而改变方向。但如果你戴着眼镜或隐形眼镜，或者使用放大镜、显微镜、望远镜，将会观察到光线以另一种方式改变方向。当光线通过适当的材料时，就会弯曲，我们称之为"折射"。事实证明，与在空气或外太空中的传播速度相比，光在水、玻璃和塑料等密度高的材料中的传播速度更慢。

我喜欢将光束想象成一支行进乐队里的成员。如果你

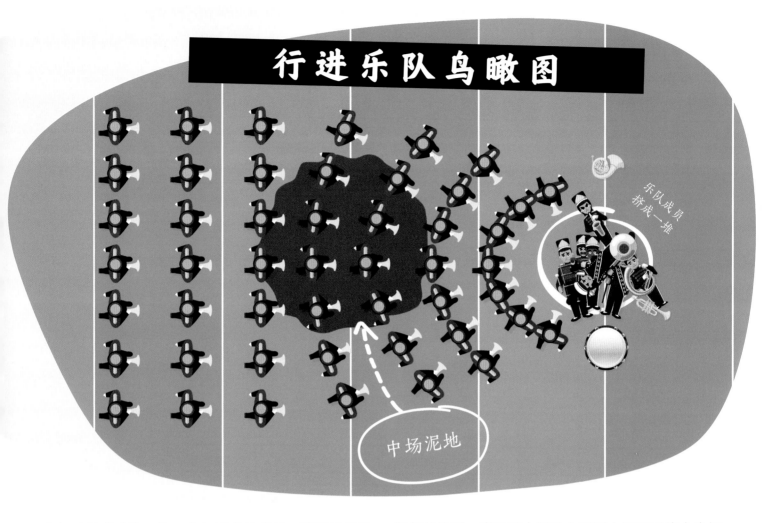

行进乐队鸟瞰图

中场泥地

乐队成员挤成一堆

参加过行进乐队，你一定知道我的意思。当行进乐队转弯时，转弯内侧的成员比外侧的成员少走几步。乐队成员用眼角牢牢"锁定"身边的人，以此确认自己在队列中的位置。所有成员跟着音乐齐步前进，但他们的步幅会发生变化。

现在想象一下，在球场中心的圆圈位置，有一大块泥地。乐队成员在球场上一字排开，从一侧边线向另一侧行进和演奏。当乐队靠近这片泥地时，队列中间的人不得不踩着泥巴前进。为避免滑倒，他们得缩小步幅，降低速度。与此同时，队列外侧的人继续在正常的草地上行进。所有乐手习惯在行进中相互留意

以保持队形。当队列中间的人因踩上泥巴而缩小步幅时，站在队列两头的人为保持正确距离而向身边的人靠拢，从而带动队列转向中间。不出几步，所有人都挤成一堆。

当光通过眼镜、放大镜、望远镜或显微镜时，也会发生同样的情况。光通过这些物体时，就像走在泥地里的乐手一样放慢速度。光会改变方向，甚至聚集成一堆，准确来说，是汇合至一点，即透镜的焦点。这就是折射。同反射一样，光折射时，方向发生变化。但不同的是，在折射时，光穿过一种物质并改变速度，而不是从物质上"反弹"回来。

眼镜小知识

我们可以测量光通过不同透明物质的速度。与在空气中的传播速度相比，光通过玻璃的速度大约是其三分之二，通过水的速度大约是其四分之三。太空里没有空气，我们称其为"真空"。老式灯泡的内部也是真空。光在真空中的传播速度略快于在空气中的速度。光通过真空的速度是光速的极限。正是由于光速的变化，当你透过一杯水观察事物时，它会显得非常有趣。制镜技术已经流传了数百年，所以人们知道如何制作形状合适的玻璃或塑料镜片将光线弯曲得恰到好处。镜片使光线折射进眼睛里最恰当的部位，这样你就能看得一清二楚。

试试这个！
弯曲光线

怎么做：

1. 找一个透明的玻璃杯。
2. 杯子里装满水。
3. 透过杯子观察你的手指或你朋友的脸。

结果：图像发生了扭曲。这是因为光从手指上反射并通过玻璃杯里的水时，速度放缓并改变了方向。弯曲的光线将图像分散开来，所以你的手指——或你朋友的脸——看起来很大。

脑洞大开！

星系就像望远镜

即使在空旷的太空里，光束也不沿完美的直线传播，因为它在引力的作用下会轻微弯曲。在地球上，光束弯曲的程度微不足道，你甚至注意不到它。但在太空中，那里有庞大的星系，甚至是星系团，它们具有巨大的引力，天文学家称它们为"引力透镜"。它们就如同自然界中的望远镜，能放大它们背后的一切。天文学家已经学会了如何利用这些引力透镜，在遥远的太空中发现各种惊人事物，包括遥远的行星、爆炸的恒星和宇宙的大小。

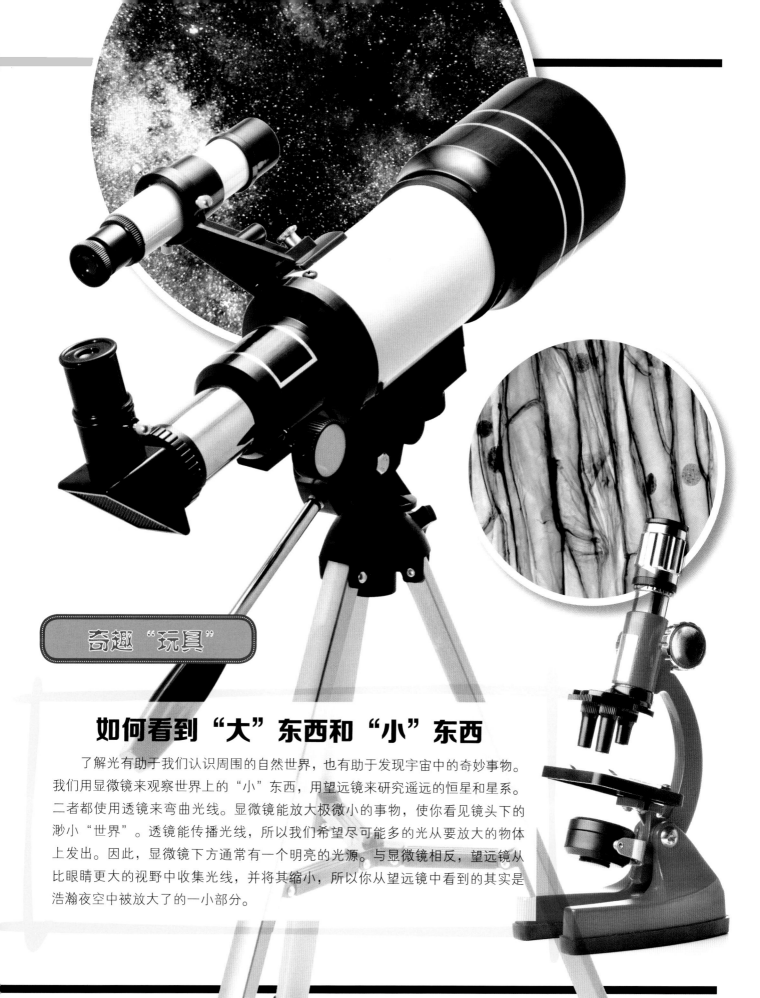

如何看到 "大" 东西和 "小" 东西

了解光有助于我们认识周围的自然世界，也有助于发现宇宙中的奇妙事物。我们用显微镜来观察世界上的 "小" 东西，用望远镜来研究遥远的恒星和星系。二者都使用透镜来弯曲光线。显微镜能放大极微小的事物，使你看见镜头下的渺小 "世界"。透镜能传播光线，所以我们希望尽可能多的光从要放大的物体上发出。因此，显微镜下方通常有一个明亮的光源。与显微镜相反，望远镜从比眼睛更大的视野中收集光线，并将其缩小，所以你从望远镜中看到的其实是浩瀚夜空中被放大了的一小部分。

试试这个！

分解光线

哇，原来它们是相关的！

观察海浪

光由多种颜色组成。

通过一些奇妙的实验，科学家认为光以波的形式传播，就像海浪一样——但二者还是不同的。这有助于描述或理解光的颜色。首先，海洋里波峰间的距离通常为数米的长度。光波波峰间的距离要近得多——只有十亿分之一米，甚至更小。我们将相邻波峰的距离称为波长。

在脑海里想象一下海浪。或者，如果你就在海边，无需想象，请仔细观察澎湃的海浪。它们的距离时远时近。这说明波长在变化，光也一样。不过，对于光而言，不同的波长就是我们的眼睛和大脑看到的不同颜色。

必需品：

一两个带有锋利边缘的物体，比如棱镜，或其他由透明玻璃或塑料制成的物品。吊灯上悬挂的装饰物也是个不错的选择，但别拆了家里的吊灯，除非你爸妈同意……

怎么做：

让光线透过玻璃或塑料物品。

结果：你会发现，看似白色的光束，实际上是由彩虹的所有颜色组成的。

比尔，频率是什么？

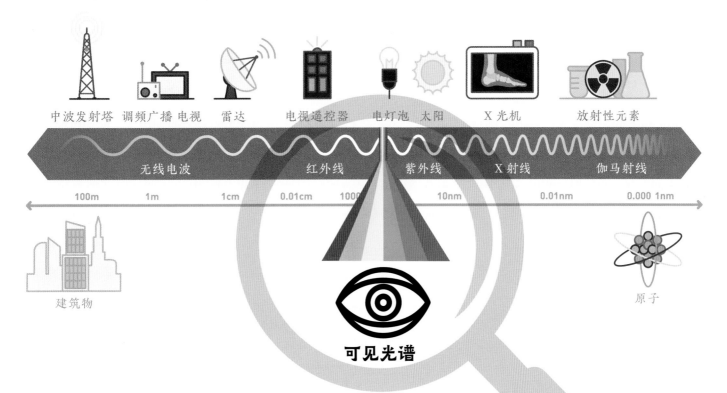

中波发射塔　调频广播　电视　　雷达　　　电视遥控器　　电灯泡　太阳　　　　X 光机　　　　放射性元素

无线电波　　　　　　　　　　红外线　　　　　　紫外线　　　　　X 射线　　　　伽马射线

100m　　　1m　　　1cm　　0.01cm　　1000　　　　　10nm　　　0.01nm　　　0.000 1nm

建筑物　　　　　　　　　　　　　　　　　　　　　　　　　　　　　　　　　原子

可见光谱

▶ 当阳光穿过雨滴的正面，并被背面反射回来，再从正面射出时，天空中就出现了一道彩虹。彩虹的颜色很常见，就像光线穿过棱镜或吊灯装饰物而显现的颜色。在那束白色的阳光里，我们认识所有的颜色。光波波峰间的距离不同，所以产生了各种颜色。不同颜色的光具有不同的波长。

科学家将光在空间里传播的速度称为"光速"。所以，如果你知道波长，也知道光速，那么就能计算出在一段时间内从你身边经过的光波数量。波长越短，在给定时间内——比如日、小时、秒、百万分之一秒或十亿分之一秒，经过的波数就越多。而在这段时间内经过的波数就是我们所说的"频率"。

再一次将光束想象成一组长长的波浪。同任何波浪一样，它也有波峰和波谷。假设你有超精确的秒表、超快的手指和超好的视力，还能数出每秒钟从你面前经过的波数。这就是光的频率。如果这些条件都满足，你就能测量出从一个波峰到下一个波峰的距离——也就是波长。

当我们比较不同颜色的光时，会发现波长越长，光的频率就越低；波长越短，光的频率就越高。这是因为相邻波峰间的距离越短，光波通过的时间就越少。

波长越长，频率越低。

波长越短，频率越高。

现在，我来给大家介绍我们的朋友 ROY。

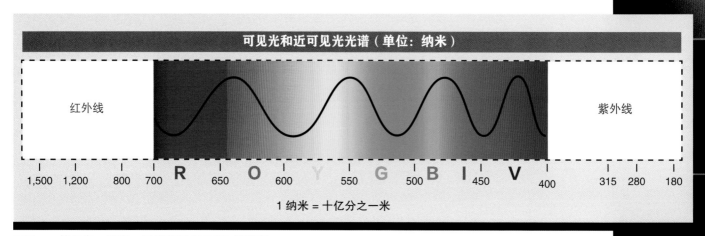

ROY G BIV

▶ ROY 不是科学家，甚至不是个人。ROY 是个背诵口诀。"R"代表英文单词 red（红色）。在所有可见光中，红色的频率最低，这意味着它的波长更长。虽然红色常常令人联想起坏脾气，但它可能是最放松的颜色，因为它的光波是最舒展的。

我们将不同波长的光排列形成的图案称为光谱。从左往右，字母组合 ROY G BIV 依次代表光谱中的 7 个颜色，且后一个的波长略短于前一个。它们分别是红色（red）、橙色（orange）、黄色（yellow）、绿色（green）、蓝色（blue）、靛蓝 *（indigo）和紫色（violet）。ROY G BIV 是这些颜色英文单词的首字母缩写。

"红外线"（infrared）一词源自拉丁文单词"infra"，意思是"下面"。至于"紫外线"（ultraviolet），"ultra"也是拉丁文单词，意思是"上面"。因此，紫外线的频率高于紫色光线。

你也许以为自己不知道"靛蓝"是什么颜色，但你其实是知道的。数千年来，人们使用靛蓝植物制成的粉末将衣服，包括牛仔裤，染成蓝色。这种植物最初作为农作物在印度种植，它是深蓝色的。我们用 ROY G BIV 中的 I（indigo）代表靛蓝色，这样 G（green，即绿色）的两侧各有 3 种颜色。虽然听上去很奇怪，但大部分来自太阳的光其实是绿色的。而且，人们似乎很喜欢数字 7。比如，一周有 7 天，彩虹有 7 种颜色。

除了众所周知的彩虹色外，每一束阳光里也藏着不可见光。在光谱的两侧，有人眼无法捕捉到的光。举个例子，在红色的旁边，就是**红外线 ***。

在紫色的另一侧，那是紫外线。紫外线每秒能传播更多光波，因此它的能量比紫色更强。这些额外的能量会伤害皮肤和眼睛，所以我们要擦防晒霜和戴太阳镜来避免被紫外线晒伤。

虽然红外线和紫外线是不可见光，但并不意味着我们不需要知道和记住它们。

可见光和近可见光光谱（单位：纳米）

红外线   **R** R O Y G B I V   紫外线

1,500   1,200   800   700   650   600   550   500   450   400   315   280   180

1 纳米 = 十亿分之一米

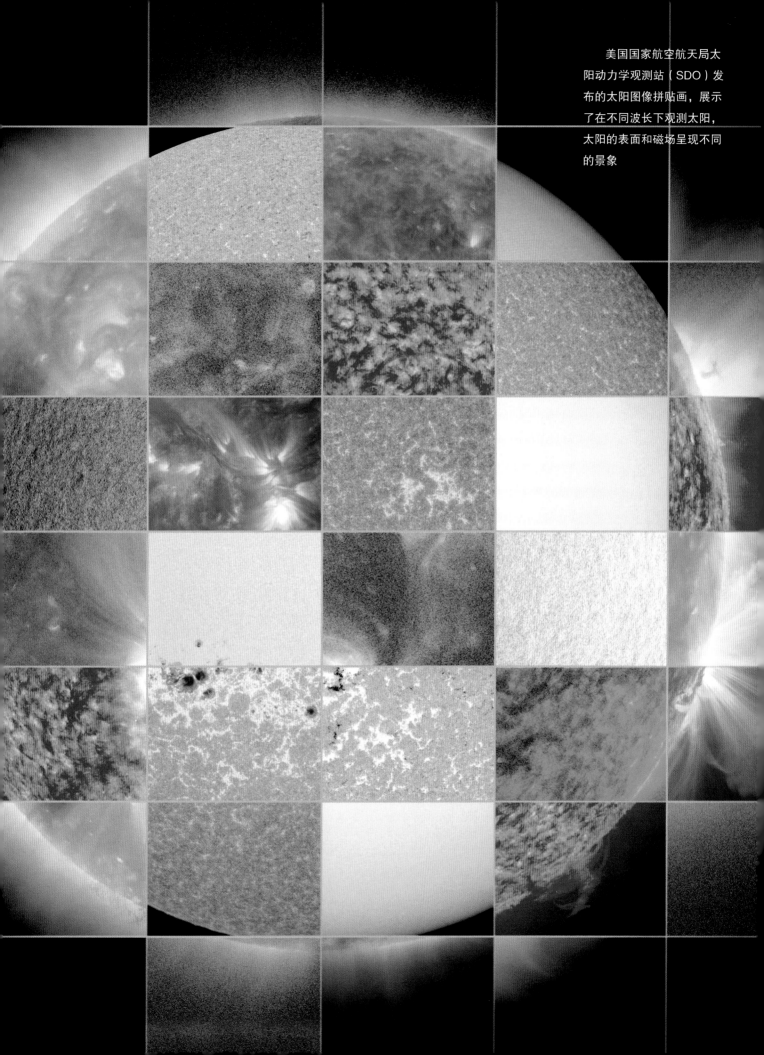

美国国家航空航天局太阳动力学观测站（SDO）发布的太阳图像拼贴画，展示了在不同波长下观测太阳，太阳的表面和磁场呈现不同的景象

奇怪的知识！

光学小课堂

1. 你看见的总是过去的。

读到这句话时，你最好扶住下巴，否则可能因为吃惊而合不上嘴巴。准备好了吗？光传播的速度很快，真的很快！但从一个地方到另一个地方，仍需要花些时间，不可能瞬间抵达。所以，当你看到某样物体的时候，你看到的其实是它过去的状态——是光开始向眼睛传播时的状态。当你读这段文字时，你看到的是十亿分之一秒前的文字。当雷达波从飞机向地面发射并返回时，这个过程也很短暂，但可测量。这就是雷达的工作原理。当我们观察距离地球最近的恒星系统——半人马座阿尔法星时，光经过了 4 年才到达我们的望远镜。所以，我们看到的是 4 年前的半人马座阿尔法星。也许，从天文学家的角度来看，这种想法才是合理的。他们认为，半人马座阿尔法星上发生的一切，地球上的我们不可能同步看到，除非光线同步到达地球。

2. 光同时是波和粒子。

光不仅仅是一种东西。即使光有不同的类型、颜色和波长，但它并不总表现成波。有时，光表现得就像它是由粒子组成的，比如沙粒。光可以既像大海又像沙滩。在某些实验里，光呈现波动性；但在另一些实验里，光呈现粒子性。光始终是光，但它能表现为两种完全不同的东西。如果你能明白为什么光既像粒子又像波，那就讲述给世界各地的科学家听吧！你将改变世界。

激光小知识

我猜你一定见过激光，比如老师的激光笔。你可能还见过建筑工人用激光精确地排列物体。激光是非常非常窄的光束，它的波峰和波谷彼此对齐，丝毫不差。我们将激光称为"相干光"。由于激光中的光波是同时上升和下降的，所以它们具有相同的频率，且只有一种颜色。你可能见过红色激光笔、绿色激光笔或蓝色激光笔。通过使光波在一管气体或一块精密成形的硅（玻璃中含有大量的硅）中来回反射，工程师将其排列成一条直线。这种相干性激光在自然界中并不存在，它是由人发明的。多亏了科学！

试试这个！
光穿过针孔

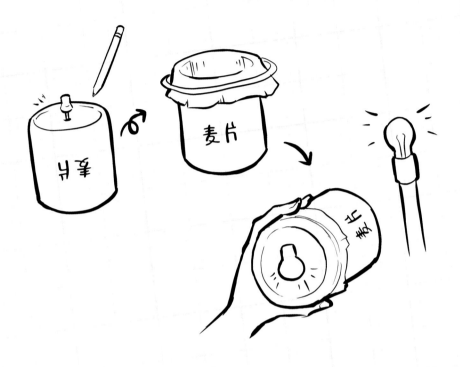

本章小结

光是自然界的基本特征。利用光和电磁波谱中的其他波长，我们可以感知和测量周围的很多现象和物体。但生命、能量、原子和恒星的诸多方面仍等着我们去探索。一切物体，无论大小，都是由更小的物质——粒子组成的。因此，如果能理解粒子，我们将有机会更好地认识宇宙。接下来，我将和大家分享粒子的相关知识——迄今为止我了解到的所有知识。

必需品：

圆形的空麦片盒

蜡纸

铅笔

大头针

剪刀

橡皮筋

电灯

怎么做：

1. 用大头针在盒子底部的中心打一个小孔。

2. 用铅笔把孔弄大一点。

3. 剪下一张蜡纸，蜡纸要足够大，以覆盖盒子的开口。

4. 用橡皮筋将蜡纸固定住。

5. 打开电灯。

结果：查看蜡纸上灯泡的图像（它是颠倒的，你可以通过调节盒子和电灯的距离来改变焦距）。

6. 用铅笔把盒底的孔再戳大一点。

还是上下颠倒的吗？如果把灯光调亮或调暗，图像会更清晰吗？

第10章
一切由什么组成——
微小的粒子

这一章里，我们将讨论"东西"。或者，更确切地说，是"物质"。什么是物质？一切都是物质。人是由物质构成的。所有你能摸到、看到、感觉到的大小东西也是如此，比如这本书，你呼吸的空气，你喝的水，夜空里的星星，还有第 8 章中的化学物质。

这一切都是物质。而物质，根据定义，是任何占据空间并具有质量的东西。物质是由原子和分子组成的。比如，厨房里的各种物质：台面、锅、勺子，甚至水槽。在水槽里，你也许会发现一些水，水也是物质。当水从龙头里流出时，它是液体物质。在冰箱里，水被冻成了固体——冰。如果你把冰放进热煎锅里，冰又变成了液体，接着就消失了。不过，水并不是去了科幻小说里的"平行宇宙"，而是变成了我们所说的**"水蒸气*"**，分子运动得越来越快，也越来越远，最后离开煎锅融入了周围的空气。

这三种形态的水都是物质。树木和街道，我们呼吸的空气和航行的海洋，它们也是物质。在日常生活中，物质的三种形态或"相"是：固体、液体和气体。

水蒸发而形成"水蒸气"。

在第 7 章关于热的知识中，我们提到了德谟克利特，他提出用"原子"这个词来描述小到无法分割的东西。接着在第 8 章的化学里，我们发现原子实际上是可分割的。原子有原子核，原子核由带正电荷的质子和中性的中子构成。原子也有带负电荷的电子，在原子核外高速运动。

但我还没告诉大家这些微小的粒子究竟是什么，以及它们的作用原理。事实上，浩瀚宇宙里一切引人入胜的故事都是从它们开始的。

如果我们想知道一样东西的工作原理是什么，我们必须研究它的内部结构。比如，要知道汽车是如何工作的，你就必须看看发动机，弄清楚发动机是如何工作的。我们观察这些微小的粒子是为了知道物质是由什么组成的，以及不同粒子依据什么规则组合成我们所看到的一切。"

——粒子物理学家 海伦·奎恩

电子

电子被称为"基本粒子"。据我们所知，电子是宇宙中最早出现的粒子之一。之所以称其为基本粒子，是因为迄今为止我们还不能将电子分割成更小的东西。"基本"（fundamental）一词由拉丁语单词"找到"和法语单词"开始"组成。电子在万物起源中发挥着重要作用。

等离子体

在适当的条件下，电子完全从原子和质子中释放出来，原子和电子成为物质的第四相，即"等离子体"。当原子变成等离子体时，它的物理性质将不同于固体、液体或气体。等离子体形成于空气、外太空附近的大气和某些类型的灯泡内。它们在充电时会发光。

夸克

这些粒子被称为"亚原子"，也就是比原子还小的粒子。它们真的很小。质子和中子是由更小物质——夸克组成的。夸克的大小约是质子的千分之一。夸克有不同的"味"，但不是你在冰淇淋店里找到的那些口味，而是用来给夸克做区分的一种标志。上夸克、下夸克、粲夸克、奇夸克、顶夸克和底夸克是夸克的主要类型。这些都是物理学家用的词。

艺术家印象中的质子，其中的粒子乱成一团

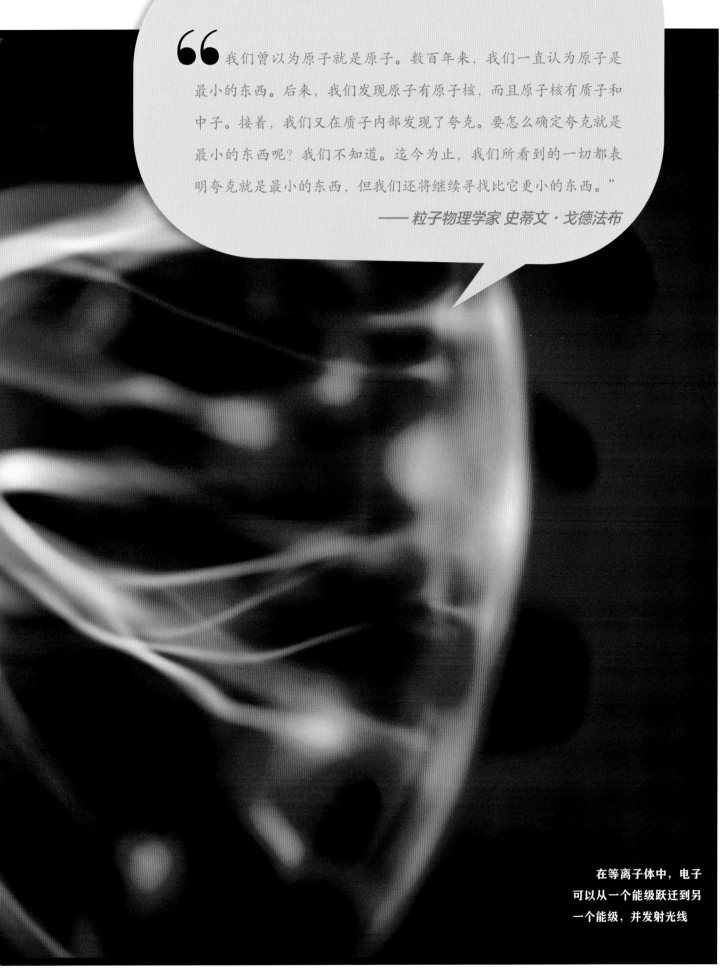

66 我们曾以为原子就是原子。数百年来，我们一直认为原子是最小的东西。后来，我们发现原子有原子核，而且原子核有质子和中子。接着，我们又在质子内部发现了夸克。要怎么确定夸克就是最小的东西呢？我们不知道。迄今为止，我们所看到的一切都表明夸克就是最小的东西，但我们还将继续寻找比它更小的东西。"

——粒子物理学家 史蒂文·戈德法布

在等离子体中，电子可以从一个能级跃迁到另一个能级，并发射光线

布丁、金和粒子

19 世纪末，科学家约瑟夫·汤姆森证明了电子的存在，而且电子是原子的一部分。但他和同时代的科学家并不知道原子是什么样子的——没人"见"过原子。汤姆森认为，原子可能就像英式的梅子布丁——一种厚实的烤蛋糕或松饼，里面有葡萄干和别的一些水果。在汤姆森的想象中，原子里的电子悬浮在某种松软的物体内，就像均匀撒在布丁里的水果一样。这样的布丁可能很美味，但研究人员逐渐意识到，汤姆森对电子均匀混合的想法是不正确的。

1909 年，在汤姆森研究的基础上，一位名叫欧内斯特·卢瑟福的科学家开展了一项著名的实验：他找了一片很薄很薄的金箔，然后和他的学生欧内斯特·马斯登向金箔片发射了一束粒子。当粒子穿过金箔时，它们会击中一块屏幕。这块屏幕会像坏掉的旧电视机一样闪烁。大多数粒子都能穿过金箔并击中屏幕，但偶尔有一些会被直接反弹回来。

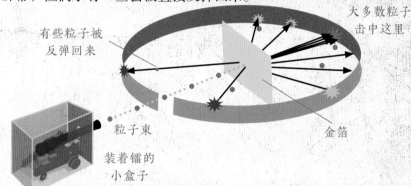

实验表明，原子内部大多为真空。这就是粒子束通常能直接穿过金箔的原因。不过，粒子束会时不时地击中非常密集的物体——密度非常高，以至于粒子会被反弹回来。卢瑟福惊叹道："这是我一生中最难以置信的事情，就像你用 15 英寸的大炮朝着一张卫生纸射击，而炮弹却被反弹回来打到自己。"我们也应该感到惊讶。卢瑟福认为金原子内部大部分是真空的，中心有一个紧密排列的原子核。这一设想是所有原子结构的蓝图，也是世界上一切事物的基石。

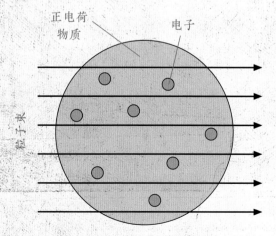

约瑟夫·汤姆森的原子模型（1904）

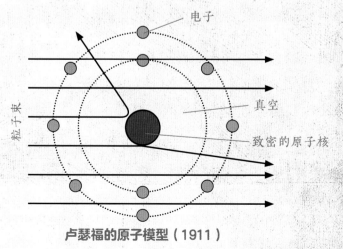

卢瑟福的原子模型（1911）

电子与不确定性

科学家开始研究他们的原子模型后不久，便放弃了"梅子布丁"的想法。他们发现原子是由原子核和绕原子核旋转的电子组成，就像太阳和围绕太阳公转的行星。但这个想法也有问题。研究人员后来发现，电子似乎根本不像粒子。它们完全是两回事。在不同类型的实验中，电子表现出不同的性质。它们有时像微小的粒子，有时像能量波。有没有想起我们在第9章里提到的某样东西？没错，就是光！在亚原子世界中，物质的分类会变得模糊。是粒子，还是波？依我看，就像是一片失焦的沙滩。

现在，科学家认为电子构成了一种云，就好像每个微小的粒子几乎同时存在于多个不同的地方。它们在同一区域，但从不在同一地方。从数学角度分析电子时，我们将它们描绘成优雅的沙漏图形。所以，如果我们给你看一张中间有一个原子核，一些电子围绕原子核飞行的立体图，那绝对大错特错。原子和电子本身都极小，即使我们能将一个原子展开在这页纸上，原子核也是小到看不见的。多数原子图就是真空，这是我们一直以来坚持的说法。当你看到一张原子图时，请记住，它是不正确的，因为真正的原子不可能被描绘出来。

电子云

•————原子核

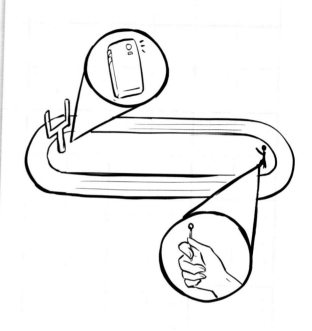

必需品：

缝衣针

带闪光灯的手机

跑道，比如足球场四周的跑道

怎么做：

1. 打开手机的闪光灯，将其竖着放置在跑道边缘或门柱上。

2. 去球场或跑道的另一头。

3. 将缝衣针拿在手里。花些时间，仔细看看空无一人的操场。现在，沉下心来，想象一下：针头就像原子的原子核，手机的光线就像离它最近的电子，所有物质几乎都是真空。宇宙真是一个神奇而令人惊讶的地方！

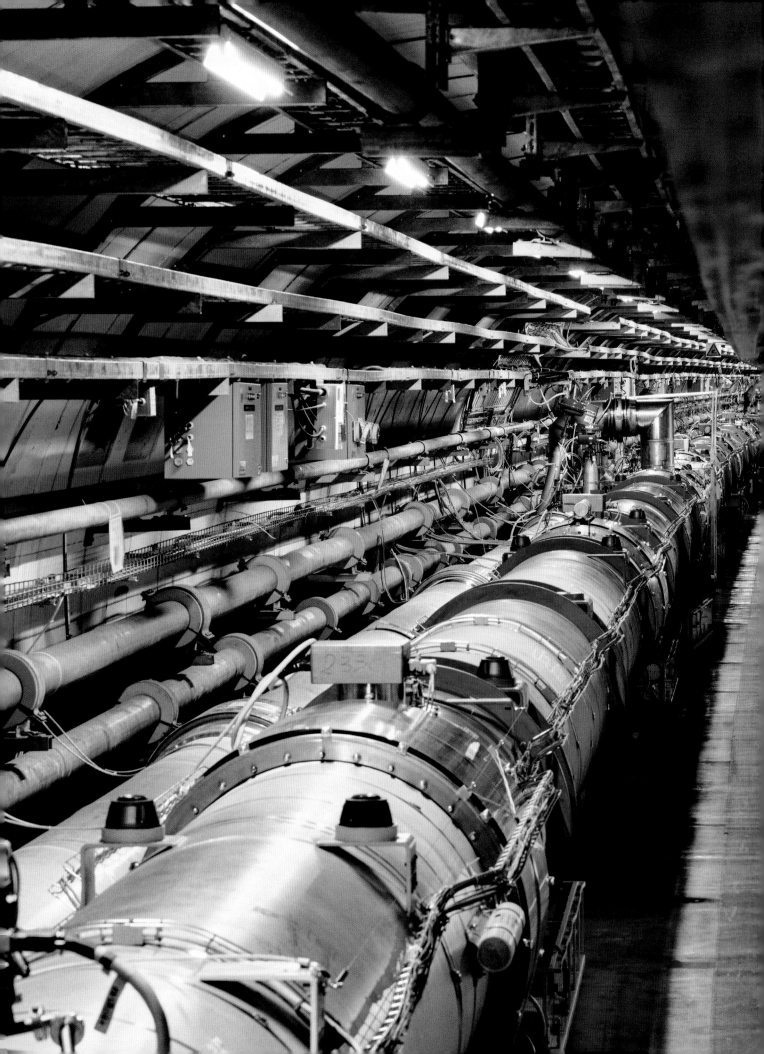

世界上最强大的粒子加速器——大型强子对撞机（LHC），摄于2018年（图片：马克西米连·布里斯、朱利安·奥丹 / 欧洲粒子物理研究所）

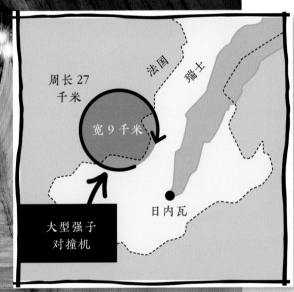

周长 27
千米

法国　瑞士

宽 9 千米

日内瓦

大型强子
对撞机

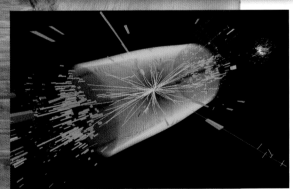
艺术家对希格斯玻色子发现的构想

奇趣 "玩具"

大型强子对撞机

这些和粒子有关的知识，我想大家都了解了吧。那你们好不好奇，当我们看不到这些粒子的时候，是如何知道它们的存在呢？打个比方，如果你走进一间漆黑的屋子，不小心踢到了椅子腿，你就会知道那里有张椅子，即使你看不见它。亚原子粒子也是如此，不过我们无法在黑暗里踢中它们。我们使粒子相互碰撞，并观察会发生什么。

大型**强子** * 对撞机，简称 LHC，是目前世界上最强大的粒子加速器，也被称为原子击破器。这是台庞大的机器：宽约 9 千米，周长可达 27 千米。它就像是亚原子粒子的跑道。在巨大的空心管内，微小的粒子不断加速，直至以巨大的能量对撞，从而喷涌出全新的物质。技术人员和工程师在巨大的地下碰撞区四周安装了非常专业的探测器。当那些小到看不见的粒子以接近光的速度碰撞时，探测器将拍下惊人的电子照片，记录下那一刻发生了什么。在新世纪的一项伟大实验中，大型强子对撞机帮助物理学家证明了另一种粒子的存在，我们称之为希格斯玻色子（以物理学家彼得·希格斯命名）。这是一种十分特殊的粒子，它也许是一切物体具有质量和惯性的原因。这是个了不起的发现，而一切都要归功于这台由数千名科学家和工程师设计和建造的巨型机器，它证明了的确存在我们所能想象到的最小物体。感谢科学！

"强子" 由夸克组成，质子和中子就是强子。

艺术家对遥远星系中超重黑洞释放的高能中微子流的构想

中微子和暗物质

好吧，如果这本书的这部分对你来说还不够奇怪的话，试试这个：每秒有 650 亿个微小的粒子从你身体的每一平方厘米通过。650 亿！每秒！通过你身体的每一平方厘米——比邮票还小的面积！这些幽灵般的粒子被称为"中微子"。它们几乎没有质量。而且它们是中性的——不带正电荷和负电荷。你甚至感觉不到它们的移动。大多数中微子直接穿越地球，然后回到太空。

目前，研究人员正在地下深处的大型实验室里探测中微子。探测器被安装在地表之下，因为粒子总能穿过所有物质的空隙。顺便说一句，中微子并非此时此刻唯一穿过你身体的粒子。科学家怀疑，神秘的暗物质粒子也在我们的体内穿梭。我喜欢将这些粒子称为"暗物质"，我们将在第 18 章讨论它。

试试这个！
把糖搅拌进水里

必需品：

一杯温水

糖粉

勺子

怎么做：

1. 倒满一杯温水。
2. 轻轻将一勺糖粉倒入温水中。
3. 再倒一勺糖粉。

结果：糖溶解了。糖分子进入了水分子之间。

物质和能量

能量和物质是对双胞胎。是的，在适当条件下，比如当受到恒星，如太阳内部的引力作用时，物质转化为能量。而在其他条件下，比如在宇宙初期，或者在大型强子对撞机内部，能量转化为物质。我承认这有点让人难以置信。想象一下，一颗图钉突然变成一束强烈、眩目的光，真的很奇怪，对吧？但这是宇宙的真实特征。

每当有博物馆展览爱因斯坦的研究成果时，他们通常将爱因斯坦的一篇著名论文分页陈列在一条长长的走廊里，论文的最后一页是一个等式，它总结了能量和物质相互转化的科学奥秘：$E/m=c^2$。我们用代数的方法将它整理成 $E=mc^2$。这也许是最著名的科学公式。"E"代表能量。小写字母"m"代表质量（可能有重量的物体，如质子或月球）。小写字母"c"代表光速。据我们所知，光速是恒定的，所以字母"c"用来提示我们光速是个常数。这是个神奇的等式。爱因斯坦精确地展示了质量和能量之间的关系。在恒星里，或在潜水艇或核电站的核反应堆中，我们可以准确地预知中子和质子将发生什么，以及有多少质量会转化为中微子和光、热形式的能量。我希望有一天你有机会更多地了解这对关系。

本章小结

一些科学家认为夸克之所以存在，是因为它们由更小的能量和物质组成。我们将这些运动的能量和物质称为"弦"。关键是，科学家喜欢验证这样的想法，而这一点恰恰是难以证明的。基于我们目前对大自然的理解，我们似乎必须建造一台银河系大小的复杂机器来探测这些神秘的弦。这是个艰巨的挑战。准备好了吗？粒子物理学家一直在寻找充满灵感和好奇心的年轻人。但你要加紧啦，至少在读完下一章之后——你得知道发明这么大的粒子加速器需要哪些力。

第11章

自然界的
四种基本力

到目前为止，我们已经涵盖了许多科学领域——数百万个物种，数十亿年时间，数万亿个神经细胞，但这还只是开始。我想大家都注意到了，虽然我们的世界和宇宙看上去如此庞大和复杂，但科学家从未放弃寻找使事物简化的方法和模式。就像你对机器的期待：它的所有零件都是必要的，少一个则无法运行，也无需多出一个来发挥额外的作用。

自从发现数万亿种不同类型的物质都是由数种相同的亚原子粒子组成，科学家一直试图提出最简单的理论来解释并成功地预测一切。我们知道，如果没有能量，比如光、热或化学能，什么都不会移动或发生。这通常意味着某个物体被某种力推动、拉动或扭曲。

截至 21 世纪初期，我们发现，宇宙中的所有物质，每个物质的每个部分乃至每个粒子，无论大小，都只受到四种力的作用。不是数百万或数万亿，只有四种。我们称之为"四种基本力"。一起来认识下它们！

> 当你环顾世界时，它看起来是如此复杂。街上到处都是汽车，人们互相交谈，狗在灯柱上撒尿。你知道所有这些，你所看到的一切，全部都来自 **25 种粒子** * 和四种力。这太神奇了！大自然就是种种巧合的结果。更神奇的是，我们似乎能理解这些巧合。"
>
> ——物理学家 *萨宾·霍森菲尔德*

我知道，我并没有将 **25 种粒子** 都介绍给大家。如果你感兴趣的话，先自己查一下。我希望你能主动查阅资料。但我们已经讨论了最重要的粒子，所以除非你正在申请原子加速器的相关工作，否则这些关键粒子已足够你应对大多数问题了。

月球绕地球运行的轨道（不按比例）

宇宙中的一切都在对其他物体产生引力，而物体间引力的大小取决于相关物质的质量及物体间的距离。

地球引力

月球引力

基本力 1
引力

➤ 我们见过（或举起）的所有物质都有**引力** *。引力总在产生吸引，它不会对任何物体产生排斥。到目前为止，我们尚未发现反引力或"排斥子"——在小汤姆·斯威夫特的科幻小说里，这类东西会用一束无形的神奇能量推动物体。引力作用于岩石、保龄球、羽毛、鱼、水、鲸鱼、蚂蚁、阿姨和叔叔，甚至空气里的原子。这些东西都是由物质构成的，而所有这些物质都会产生引力。月球和地球因为引力而保持在各自的轨道上。其他围绕太阳运行的行星以及岩石和冰状物体也是如此。引力甚至使星系彼此环绕。

"引力"（gravity）一词来自拉丁语和法语单词"重量"。引力使一切物体具有重量。

关于引力，
你要知道的重点！

一年夏天，艾萨克·牛顿爵士同其他人一样坐在一棵苹果树下。他注意到每隔一段时间，就会有一个苹果从树枝上掉到地上。这可能很常见。但我接下来要告诉你的一定会让你大吃一惊。据我们所知，牛顿是第一个提出万有引力的人。他认为不仅是地球吸引苹果落下，苹果也会对地球产生轻微的吸引！

花些时间想一想。

可以继续了吗？很好。牛顿还想知道，将苹果和地面拉近的力，是否也会把月球拉向地球，并阻止它飞入太空。

牛顿发现引力处处可见。引力使我们的双脚牢牢站在地面上。宇宙中的一切都在对其他物体产生引力，物体间引力的大小取决于相关物质的质量及物体间的距离。使你和你朋友靠近的引力是微弱的，但将你和海洋紧紧固定在地球上的引力却是庞大的。简言之：质量越大，引力就越大。

有物质的地方就有引力。想象一下，你的房间里飘浮着灰尘，地球引力吸引着灰尘向下，所以它们最终会落在书桌或书架上。但灰尘也对地球产生引力，只是这引力非常微弱。

为什么引力
如此微弱？

引力的影响范围很广，非常非常广。它甚至使星系结合在一起！但引力是基本力中最微弱的。这很奇怪，对吧？因为无论在哪里，我们都能感受到地心引力不分昼夜地吸引我们和周围的一切向下。但请注意，用一个小小的磁铁就能轻易吸起回形针。一边是向下拉的地球引力，另一边是向上吸的小磁铁——磁铁获胜。是的，与其他基本力相比，引力是微弱的。太奇怪了！这怎么可能？我们遗漏什么了吗？还是我们把引力搞错了？小小科学家，这就是你的下一个任务：找出引力微弱的原因。这一定会改变人类历史的进程……

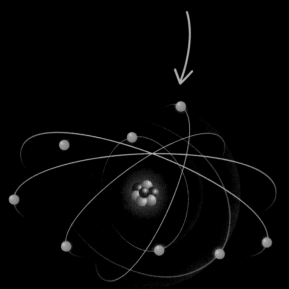

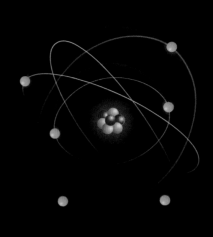

我知道，我知道。这不是原子
真正的样子。我们讨论过了。但我
想给大家展示这里的粒子。

质子和电子强烈地相互吸引。这是电
磁力在起作用。除了它们，携带相同电荷
的粒子——质子和质子，或电子和电子，
它们都是相互排斥的。

基本力 2

电磁力

▶ 这是一种无形的力量，它使电流流动，使磁铁吸住冰箱（或回形针）。
大家有没有发现，"电磁"这个词由"电"和"磁"结合而成。的确如此。电
和磁是同一基本力产生的不同效应。你可能听过"异性相吸"这种说法。还记
得上一章里介绍的质子和电子吗？一个带正电荷，另一个带负电荷。电磁力使
质子和电子聚集在原子内。在原子层级，电磁力是异性相吸的原因。

所以电子和质子强烈地相互吸引。但是携带相同电荷的粒子——电子和电
子，或质子和质子，却是相互排斥的。

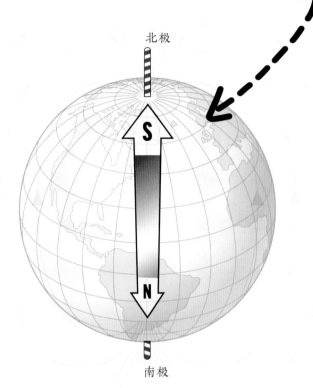

北极

S

N

南极

地球是磁铁

当你在森林里或海洋上寻找方向时，会用到磁罗盘，它的指针分别指向北方和南方。磁罗盘之所以有用，是因为在旋转的地球深处，炽热、沸腾的铁水形成了一个巨大的磁场。一直以来，指南针指向地球仪或地图上北极的那一端被称为磁铁"北极"，而指向地图上南极的那一端就被称为磁铁"南极"。一些磁铁已经标出了北极和南极：N 代表北极，S 代表南极。够明显了吧？现在，想想这个：指南针的北极一定被地磁南极所吸引。这就好像地球内部有一块巨大的磁铁，在"异性相吸"原理的作用下，这块磁铁的南极指向地球北极，而磁铁的北极指向地球南极。有点伤脑筋，也很令人惊讶，但宇宙本来就是个令人惊讶的地方，我的朋友们。

感受磁力（磁场）

自从我们发现电磁力以来，科学家（也许包括你）一直在想象和测量电磁场。磁铁和电能产生排斥或吸引，形成力场。你已经知道了另一种只产生吸引的力场——引力。当你在地球上时，你就处在地球的引力场中。如果你在月球上，就会感觉到月球的引力场。当靠近电线或磁铁时，我们可以探测并利用电磁力场。

所有磁铁都有两端，也就是"磁极"，就和地球的南北两极一样。即使你将磁铁切成两半，也不能分开磁铁的南极和北极。你会得到两块长度为原来一半的磁铁，每块磁铁依旧拥有自己的北极和南极。

日常工具小知识

电磁力是现代世界的重要发现。我们可以用移动的磁铁及其移动的磁场发电，这是发电厂的工作原理，也是墙上插座通电的原因。我们也可以反其道而行——用电来产生磁场。太神奇了！生活里几乎所有东西都依赖于我们用磁发电的能力，电灯、空调、医学影像设备、电子游戏机、手机，这一切都依赖于电。我们因为了解电磁基本力而能发电。

试试这个！
梳理水流

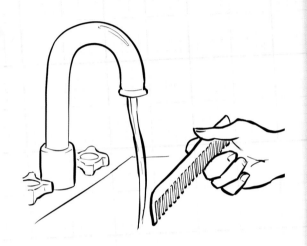

必需品：

一把塑料梳子
带水龙头的水槽

怎么做：

1. 打开水龙头，使水流出，确保水流无气泡。

2. 用梳子在头发上梳几下。

3. 将梳子靠近水流。如果梳子没有使水流偏转，试着用橡皮气球摩擦头发，再将气球靠近水流。

结果：当水流动或梳子穿过头发时，都有电荷在积累。但电荷的积累并不均匀。水和梳子的电荷是相反的，因此水流被拉向梳子。

古老的知识

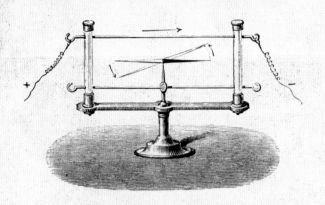

电磁小课堂

1820 年，一位名叫汉斯·奥斯特的丹麦科学家在为他的学生做一场演示时，突然发生了一件意想不到的事情。又或许没那么意外。没人说得清，因为奥斯特在 170 多年前就去世了，我们没办法向他求证。

言归正传，奥斯特当时正在实验室里用化学物质和金属制作电池。在他身边的一张桌子上，刚好有个指南针，这种指南针已经在船上用了数百年。当他将一根电线连接到电池两端时，指南针的指针移动了。在此之前，大家都认为指南针只对磁铁或地球磁场有反应。奥斯特由此发现了电能产生磁。

1831 年，一位名叫迈克尔·法拉第的英国科学家发现，磁也能产生电。移动磁铁或改变磁场能产生电流——流动的电荷。换言之，电和磁能彼此转化或产生对方。法拉第开始使用"电磁学"一词。

1864 年，另一位杰出的物理学家詹姆斯·克拉克·麦克斯韦用数学方法精准地展现出电和磁的相关性。这就是"麦克斯韦方程组"。

我非常希望有朝一日你对物理充满兴趣并去学习这些方程，它们——还有电磁场——是神奇的。或者，我该用更严肃的语气来说明这一切：没有奥斯特、法拉第和麦克斯韦的工作，就不可能有智能手机，更不用说短信、拍照和应用程序，也不会有《比尔教科学》这档节目！

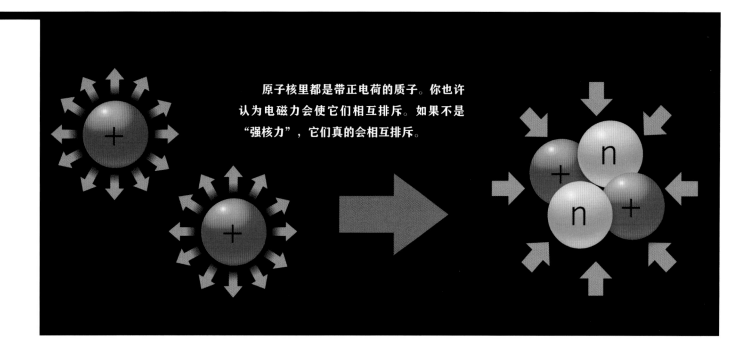

原子核里都是带正电荷的质子。你也许认为电磁力会使它们相互排斥。如果不是"强核力"，它们真的会相互排斥。

基本力 3

强核力

➤ 当我们谈到质子时，我想你们一定对原子的中心——原子核充满了好奇。原子核里是带正电的质子（举几个例子：硼有 5 个质子，铱有 77 个质子）。原子中间有这么多带正电荷的粒子，你也许认为电磁力会使它们相互排斥。如果不是强核力，它们真的会相互排斥。"强核力"又被物理学家称为"强作用力"，这种无形但极其重要的力将粒子们紧紧地聚集在一起。物理学家在 20 世纪 30 年代意识到"强核力"的存在，又用了 40 年才弄明白它的原理。

这是个惊人的发现。强核力真的很强大，大约是电磁力的 100 倍。但它只能在短距离内起效，非常非常短的距离，就像质子之间的距离——**万亿分之一米** *。

恒星由大量物质构成，因此它的引力足以克服电磁力，并将氢原子核（或者说所有质子，氢原子核只有 1 个质子）挤压在一起。接着，更强大的强核力进一步挤压质子，使质子两两结合而形成氦原子的原子核，同时释放出巨大的能量。这就是恒星发光的原因，也是人类在 70 多年前发明氢弹的原理。这个过程被称为"核聚变"。

到底有多短？

从厨房地板到桌面上装着香蕉奶昔的杯子边缘，二者间的距离大约是 1 米。**万亿分之一米**相当于 1 米——地板到奶昔距离——的万亿分之一。这距离真的真的真的很短。研究如此微小的东西并证明强作用力的存在，需要在大型粒子加速器（上一代 LHC）里开展实验。但这些微小的距离由强作用力统治着！

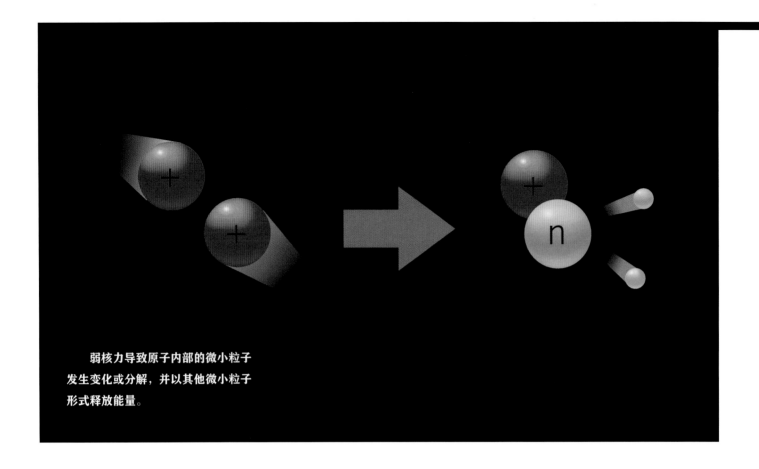

弱核力导致原子内部的微小粒子
发生变化或分解，并以其他微小粒子
形式释放能量。

基本力 4

弱核力

▶ 20 世纪 30 年代，当每个人都为强核力疯狂时，意大利物理学家恩里科·费米认为原子的中心——原子核内部肯定还存在另一种力。这种神秘的力量一定和电磁力一样强大，但它只能在非常非常非常短的距离内起作用，甚至比强作用力起作用的距离还短。所以它的名字很"弱"，物理学家称之为"弱核力"，或者"弱作用力"。正是这种力导致原子内部的微小粒子发生变化或分解，并释放出微小粒子形式的能量；其中一些过程被称为"放射"。

弱核力可将一个元素变为另一个元素。受弱核力的影响，铀原子内的 92 个质子被分解，从而"转化"为含 82 个质子的铅原子。当恒星（比如我们的太阳）里的氢变成氦时，这不仅仅是强核力的"功劳"，也有弱核力的"帮助"。几十亿年来，太阳里原子的分解使地球始终保持温暖。原子以这种方式分裂的过程被称为"核裂变"，这也是核反应堆的工作原理。没有弱核力，我们的核反应堆将无法发电。没有它，火山就不会从地壳深处喷涌炽热的熔岩。太阳也不会发光，所有人都会死。甚至，地球上一开始就不会有人类。因此，弱核力可能并不强大，但它非常非常重要。

未解之谜

一股强大的力量？

我们需要四种不同的力来描述自然，这个想法困扰着许多物理学家。他们中的许多人正努力寻找将这四种力合而为一的方法。他们认为，当我们的宇宙形成时，也许只有一种力，而大自然不知何故将它分成了四种。他们有时将这种想法称为"万物理论"（Theory of Everything，简称 TOE）或"大统一理论"（Grand United Theory，简称 GUT）。数十年来，他们一直在研究这一伟大的想法，但至今尚未找到答案，所以这可能是你解开又一个宇宙之谜的机会。说到人类对宇宙的了解，你觉得我们是所有星系中唯一想解开未解之谜的生物吗？

本章小结

四种基本力缺一不可：少了其中之一，我们所知道的或所能想象的生命都不复存在。换言之，如果物质是以其他方式产生的，世界就将截然不同。如果你觉得有什么看起来很奇怪甚至难以置信，别担心，你不是一个人。还有我。

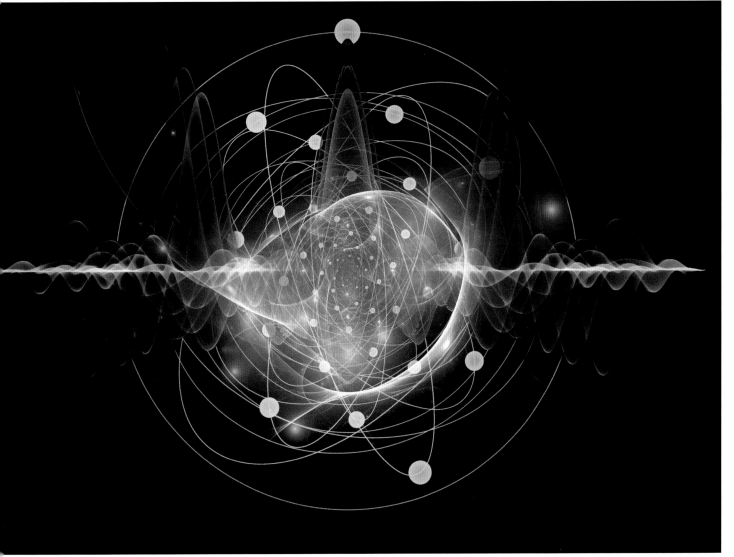

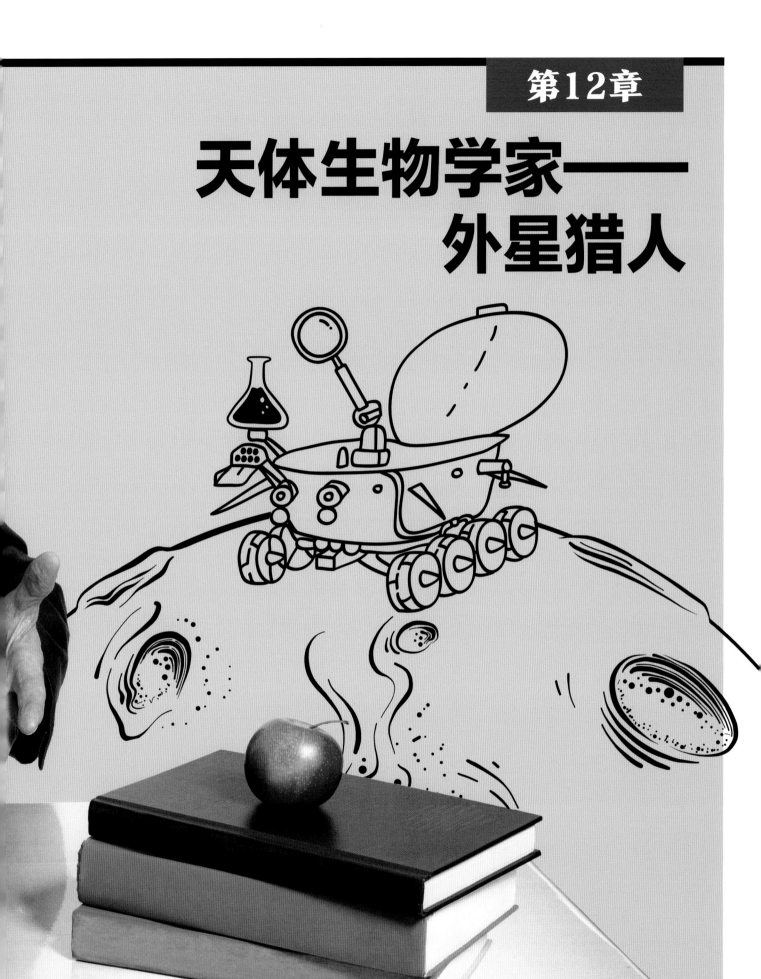

第12章

天体生物学家——外星猎人

▶ **首先是好消息。** 科学家正在寻找外星人。他们试图解答一个人人牵挂的问题：我们是宇宙中唯一的生命吗？再说说坏消息。我们可能找不到小绿人、小绿猫和小绿狗，更不用提绿色的河马，至少现在还没找到。即使有其他生命存在于太阳系的另一颗行星或卫星，抑或在另一颗遥远的恒星周围，这些生命可能不会走路、说话或发出奇怪的声音。它们可能只是低级生物，更像是几十亿年前漂浮在地球上海洋里的那种生命，而不是在小区游泳池里套着波点游泳圈、露出毛茸茸脑袋的人们。当然，它们也可能变成聪明的高级生命，甚至会像人一样长出头发，也可能会在泳池里和人们一起游泳。

但它们更可能是低级生物。

别失望。寻找外星生命不仅仅是科幻小说的题材。这是一门真实的、令人兴奋的科学。此外，研究人员在寻找外星生命的过程中，还需要一些帮助。

他们需要好奇的年轻人来和他们一起寻找，你就是其中之一。

这门学科的正式名称是"天体

"astro"的意思是"星星"。"biology"的意思是"生物学"，也就是对生物的研究。

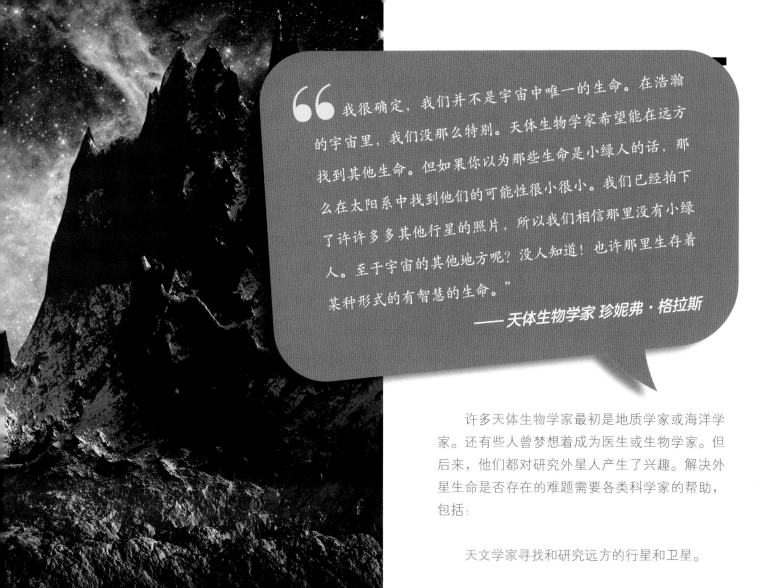

> 我很确定，我们并不是宇宙中唯一的生命。在浩瀚的宇宙里，我们没那么特别。天体生物学家希望能在远方找到其他生命。但如果你以为那些生命是小绿人的话，那么在太阳系中找到他们的可能性很小很小。我们已经拍下了许许多多其他行星的照片，所以我们相信那里没有小绿人。至于宇宙的其他地方呢？没人知道！也许那里生存着某种形式的有智慧的生命。"

—— 天体生物学家 珍妮弗·格拉斯

生物学"（astrobiology*），它专门研究其他星球上是否存在生命；如果那里真存在生命，它们是如何发展和进化的。我们看到的许多恒星就像太阳一样，每一颗都可能将热和光照向一颗行星，说不定其中就有存在生命的行星和卫星。

不过，如果你对恒星、行星、岩石、生命或建筑感兴趣，也许有一天你能帮我们找到外星生命。为了让大家做好准备，我们一起来回顾下迄今为止我们所知道的天体生物学知识，以及寻找地外生命的进展。

目前，天体生物学家认为有四样东西是宇宙中生命形成所必需的：水、热量、碳和时间，很多很多时间。外星之旅，现在开始！

许多天体生物学家最初是地质学家或海洋学家。还有些人曾梦想着成为医生或生物学家。但后来，他们都对研究外星人产生了兴趣。解决外星生命是否存在的难题需要各类科学家的帮助，包括：

天文学家寻找和研究远方的行星和卫星。

天体物理学家分析那些恒星和行星如何应对撞击它们的能量，以及它们向太空辐射的能量。

地质学家运用他们所知道的各种知识，比如天气如何作用于岩石，大陆为何缓慢移动，以及生命对大气和海洋化学的影响等，来确定某颗遥远的星球能否为某种形式的生命提供生存环境。

生物学家研究在这些遥远的星球上，如果有某种类型的生命在生存和繁衍，它们需要哪些资源和化学物质。

计算机科学家编写程序，帮助科学家在用望远镜收集的各种信息中发现有趣的证据。

工程师将建造望远镜、太空飞船、探测器和机器人，为去遥远的世界里研究和探索提供工具。

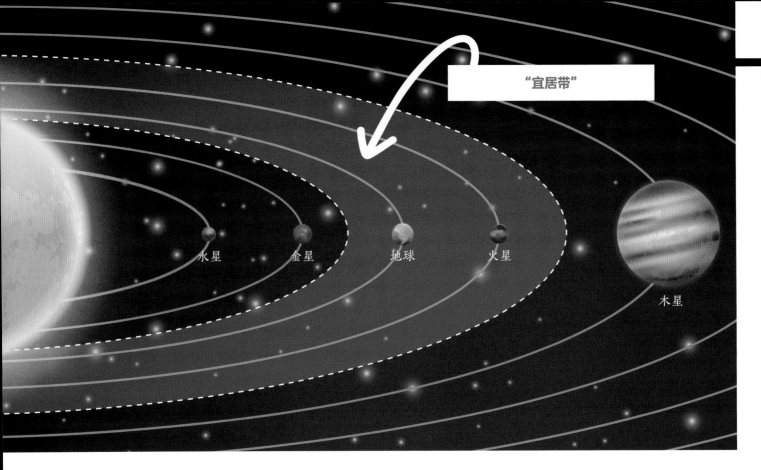

"宜居带"

水星　金星　地球　火星

木星

须知

三只熊和搜寻外星生命

▶ 你一定听过金发姑娘和三只熊的故事。有一天，金发姑娘在森林里迷了路，不小心闯进了熊的家。趁着熊爸爸、熊妈妈和熊宝宝外出还没有回来，金发姑娘在熊的家里晃来晃去，然后躺在床上舒服地睡着了，还做了一个美梦。这三只熊都有各自喜好的床、食物和椅子。金发姑娘在偷吃过三碗粥、偷坐过三把椅子、偷躺过三张床后，觉得不冷不热的粥最好吃，不大不小的椅子最合适，不硬不软的床最舒服。

言归正传，当天文学家寻找可能有外星生命的行星时，他们的目标和金发姑娘的早餐要求一样——不冷不热。科学家花了很长时间才明白生命需要某种液体，它能使化学物质四处流动并容易发生反应。他们研究了各种各样的溶剂——溶解其他化学物质的化学物质。后来，他们发现，液态水是最合适的溶剂。在地球上，水是生命配方中的关键成分。如果有行星和地球一样存在生命，那么它一定有水，而且一定是液态水。为了实现这一点，这颗行星必须与太阳保持适当的距离。此外，它还得有足够厚的大气层来保持一定的热量。

如果地球距离太阳太近，我们的海洋可能会沸腾。如果地球距离太阳太远，地球表面将十分寒冷，甚至所有的水都可能结冰。幸运的是，地球围绕太阳公转所处的位置，恰好是科学家所称的"宜居带"。由于地球与太阳的距离适中，地球的温度就像那碗粥一样——不冷不热。正因如此，天文学家正在其他恒星周围的宜居带寻找类似的行星。这些遥远的行星，围绕遥远的恒星公转，因此被称为系外行星。如果我们真找到一颗距离恒星不远不近的行星，它说不定也有液态水。哪里有水，哪里就有生命。

奇趣"玩具"

行星"猎手"

怎么才能找到这些外星家园呢？望远镜！很大很大的望远镜，有巨大的镜子和非常清晰的镜头，能捕捉和聚焦尽可能多的星光。同时，为了确保视野中没有灰尘、云层或水雾，我们将一些望远镜安装在外太空。它们在那里围绕地球和太阳运行，并拍摄下遥远行星和恒星的照片。这些照片的清晰度令人惊叹。2009 年，科学家发射了开普勒太空望远镜。这台望远镜以天文学家约翰内斯·开普勒的名字命名，在 9 年中拍摄下无数遥远恒星的照片。在 2018 年结束任务时，开普勒望远镜已帮助科学家发现了 2 600 多颗系外行星。我们曾经对这些行星的存在一无所知！我们有理由相信，它们中至少有一些可能存在生命。

地球上的极端微生物

火星的气候和地球大不一样，那里又冷又干。水星是冷是热取决于你站在哪一侧。金星的温度远高于其他任何地方，而围绕木星运行的木卫二则十分寒冷。我将在第 17 章里详细介绍它们。现在要记住的是，太阳系中的其他行星和卫星与地球完全不同。因此，如果这些星球上有外星生命，这些生命可能也与地球上的生命有着巨大差异。火星上有猴子？不太可能。

在寻找外星生命的过程中，最大的一个突破是向"下"看而非向"上"看。1976 年，海洋地质学家凯西·克雷恩将一套仪器拴在她的考察船船尾。仪器探测到加拉帕戈斯群岛的海底有一些奇怪的东西，虽然这里的温度只是比大家预期的高 0.1℃。次年，一队科学家驾驶深海潜水艇再次来到这片海域。他们发现温度极高的矿物质不断从海底喷涌而出。这就是科学家所称的"海底热泉"。更神奇的是，深海底也有蓬勃的生命。矿物质是细菌的食物，而细菌是小型生物的食物……它们创造了海底的"世外桃源"，孕育出各种奇奇怪怪的生物，包括巨大的蛤蜊和 2 米长的蠕虫。与此同时，在地球表面，人类、大象、树木和蜜蜂等生物从太阳中获取能量。科学家在几个世纪前就知道，如果没有阳光，人类将无法生存。但在漆黑一片的海底，海水吸收了所有的光线。这些在海底热泉发现的神奇生物告诉我们，除了阳光，热岩石和海水也能为生命繁衍生息提供条件。

现在，我们将这些生物称为"极端微生物"——因为它们生存在极端环境中。

我们再说回外星生物。如果生命能在地球上这些奇怪、极端和偏僻的地方生存下来，那么也许在另一个星球上也有极端微生物。想要找到这种外星生命，科学家必须尽可能地了解生命是如何在地球上的极端环境中生存的，比如冰雪覆盖的南极和温暖但却极咸的死海。

你得明白，极端微生物也许不在乎自己是不是极端的。它们说不定还觉得我们才是极端微生物，或者，至少相当奇怪。和它们不同，我们生活在干燥的土地上和明亮的阳光下。

水熊虫遍布世界各地，包括温度和压力极端的地方（如温泉或深海）。它们还能在高辐射和真空环境里生存。

月球动物
和其他物体

由约翰·赫歇尔于好望角天文台发现，并摘自《爱丁堡科学杂志》插图
详见《太阳报》办公室发行的宣传册

月亮大骗局

1835 年，纽约《太阳报》刊登连载文章，介绍了一位名叫约翰·赫歇尔的科学家如何发现月球上的生命——不止有小虫子。文章声称，约翰还发现了山羊、海狸、身高 1.2 米且长着翅膀的男人，甚至还有独角兽！文章还描述了月球上的湖泊和海洋，以及宏伟的建筑。然而，这一切都是个天大的骗局。约翰·赫歇尔是一位真正的科学家，也是一位成功的天文学家。他的父亲威廉·赫歇尔发现了天王星，并为这个行星命名。然而，可怜的约翰直到后来才知道文章冒用了他的名字。

当我们寻找生命时，我们到底在找什么

▶ 一旦科学家明白生命不需要阳光直射，太阳系甚至宇宙中可能存在生命的地方一下子多了起来。今天，当天体生物学家寻找生命可能繁衍生息的地方时，他们其实在找下面这些东西。

1. 水

有水的地方，就有生命，因此天体生物学家将目光对准了有水的星球。当科学家发现火星上有水的痕迹时，我们为此兴奋不已——如果火星上曾经有水，甚至现在依然有水，那里也可能有过生命。也许你会成为那个发现微生物证据的人。

2. 碳

我们是碳基生命。我们在地球上研究的所有生命都是由碳构成的，它们的生长和壮大离不开碳。碳有 6 个质子，它通过四种不同的方式与其他化学物质甚至自身相结合。地球上的生命也从含碳的化学物质中获得能量。如果我们认识的所有生命都需要碳，那么当我们寻找外星人时，也要寻找碳的痕迹，对吧？

< 这个非常复杂的分子是由 60 个碳原子组成的，你不想踢它吗？

3. 时间（更多的时间）

我们的太阳系和地球已经有 45 亿年的历史了。在这漫长的时光里，地球和火星等行星的温度渐渐降低，并形成了大气层和海洋。火星在 10 亿年前有一片大海，但它的质量不足以维持和地球一样的强磁场。来自太阳的粒子流裹挟着火星上的大部分海水和空气飞入太空。也许火星上曾有生命萌芽并繁衍生息，但如果现在那里还有生命的话，肯定在地下很深很深的地方。

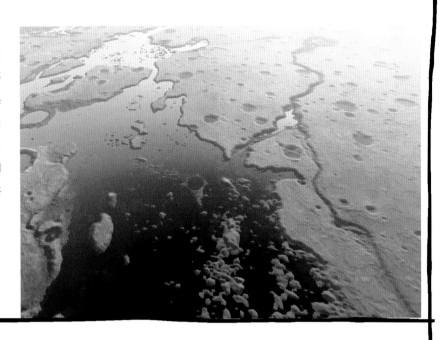

> 艺术家笔下曾经有水的火星。也许早期的火星生命就藏在那下面。

4. 温度和行星的体积

如果行星太小，它的质量也会很小，因此没有足够的引力来维持海洋或大气层。这样的行星气候可能很冷。没有液态水就意味着没有溶剂，也就无法溶解生命所需的各种化学物质，更不用说产生可呼吸的空气或保护地球的大气层。如果行星太大，它的引力就可能过大，以至于氢变成了某种液体，而复杂的分子也无法形成，这将阻止生命的发展。所以，天体生物学家寻找的行星必须和地球大小相当、温度相近，不能太热也不能太冷。

当得知是引力维持着地球上的海洋和大气时，大部分人都很惊讶。空气和水里的每颗微粒，以及岩石和土壤里的每颗微粒，它们时刻都在相互吸引。我们在上一章里讨论过这个问题。但一想起来，还是令人惊讶不已。

5. 氧气

地球上的大多数生命都需要氧气才能生存。由于光合作用，空气中有充足的氧气支持各种生物的生存——小到苍蝇，大到人类。所以，如果我们发现某颗行星的空气里有足够的氧气，那么它也可能有某种形式的外星生命。但氧气不一定是必需的。我们在地球上的极端环境里也发现了大量不需要氧气的生命形式，比如海底热泉，那里没有氧气，却生存着生命。那些生命的呼吸不依赖于空气（或氧气），而是岩石。

6. 甲烷

这是一种十分重要的化学物质，因为科学家认为它主要由生命——沼泽地里和动物肚子里的微生物产生。甲烷（也称为"天然气"）也是碳的重要来源；而碳，正如我们所知，是生命的关键。大气里的部分甲烷是地球上的奶牛打嗝产生的。如果我们在某颗遥远行星的空气里发现了甲烷的痕迹，并不意味着那里有牛在打嗝，也许是另一些生物。

7. 温室气体

大多数温室都不是绿色的房子，除非里面种植着大量植物。农民或园丁的温室通常由玻璃建成。阳光穿过玻璃——嘿，是谁穿过玻璃并为温室里的植物提供能量？阳光中的热量使温室保持温暖。在像地球一样的行星上，阳光穿过大气层，照射在坚硬的地面和海洋上，并散发出热量（见第7章）。大气中的各种气体分子吸收大量的热量，使地球维持适宜生存的温度。大气中的这些粒子就像温室一样发挥作用，所以被称为"温室气体"。如果某颗遥远的行星也有足够的温室气体来吸收热量并保持温暖，它就可能是外星人的好去处。

8. 脂肪

它由特定种类的分子组成，这些分子的侧面有氧和氢氧混合物。科学家将它们称为"脂肪酸"，但我们也可以直接叫作脂肪。所有生物都有脂肪。我们需要一个非常近距离的视角——比如，使用机器人在地表仔细搜寻脂肪。如果我们真的发现了脂肪，那将会是个强有力的证据，证明那里有过，甚至现在还存在生命。

试试这个！

独一无二的冰

必需品：

两只玻璃杯

外用酒精（70%的浓度就可以了，但91%的浓度会产生更好玩的效果）

两块冰

另外，爸爸妈妈最好在身边，以确保安全地使用外用酒精（可以用在皮肤上，但不能喝）

怎么做：

1. 一只玻璃杯里装满水。
2. 另一只玻璃杯里装满酒精。
3. 往两只玻璃杯里分别轻轻放进冰块。

结果：你看到了什么？冰（固态）的密度或重量小于水（液态）。水是地表温度下唯一表现出这一特征的物质。某些固态金属只有在熔点下，才能漂浮在它们的液相上。仔细观察水里的冰块，再与酒精里的冰块做比较。

水是决定行星是否有生命的关键吗？看起来确实如此。我们在宇宙中的任何地方都找不到像水一样的东西，你和我都是由它组成的。也许所有外星人也需要水。所以我们还得继续寻找水的痕迹，并及时向航天局报告。好不好？

奇怪的知识！

太空里的"洗手液"

你以为老师会用掉很多洗手液？天体生物学家更爱卫生。从天体生物学诞生开始，研究人员就一直小心地避免将细菌等微生物带到其他星球。这多亏了一位名叫乔舒亚·莱德伯格的科学家。大家都知道，咳嗽或打喷嚏时要捂住嘴，以免将细菌传播给朋友或家人。科学家对待外星人也是如此。每艘太空飞船，以及每台行星探测机器人都不得携带任何地球微生物，否则就会永远污染那个世界。记住，我们也会在科学实验中犯错。假设我们先是为在火星上发现细菌而兴奋不已，但后来证实它们是无意间被航天器从地球带到这颗红色星球上的，天哪，这将是多么沉重的打击！因此，我们使用强效的化学物质和高温烘烤方式对航天器进行消毒。航天器必须承受得住彻底擦洗和一定程度的高温。在寻找其他世界的生命时，航天器必须是干净的，非常非常干净！

" 在我很小的时候，成为科学家是个遥远的梦想。我以为科学界没有我的立足之地，因为我看上去就不像个科学家。因为不合群，我感到很难过，甚至觉得不自在。但创意总是来自不同寻常的地方。你不需要合群。伟大的想法通常是由特立独行的人提出的。在天体生物学领域，我们需要每个人的帮助，只要你有勇气有想法，每个人都能参与进来。"

——天体生物学家 贝图尔·卡卡尔

火星运河

19世纪末20世纪初，有一位名叫帕西瓦尔·罗威尔的业余天文学家。他聪明而富有，还写了许多书。他在书中称，火星上有外星人，而且他们十分先进，甚至修建了多条运河。这些运河将水从火星两极运送至远方的城市。他用望远镜拍摄下图像，并认为这就是火星上存在运河的证据。他四处举办讲座，告诉人们火星上有运河。这些讲座非常受欢迎。

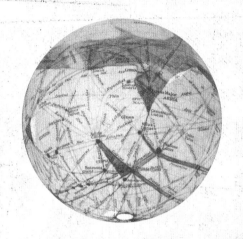
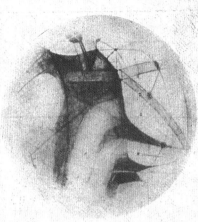

但随着望远镜技术的改进，科学家能更清晰地观察这颗红色星球——火星的表面。很明显，火星上没有运河，也没有先进火星人存在的证据。不过，火星上的确布满了河床和湖床。有大量的证据表明，很久很久以前，火星上曾有水流淌，但就是没有罗威尔口中的人工运河。

我时常好奇，罗威尔是不是在望远镜目镜里看到了自己眼球后部的血管，并将它们当成了火星上的运河。不管怎么说，罗威尔以自己的方式为天文学作出了贡献：他点燃了公众的热情，而且他在美国亚利桑那州建立的天文台一直使用至今。

帕西瓦尔·罗威尔于1914年
在罗威尔天文台观测金星

任务表

去哪儿寻找外星生命

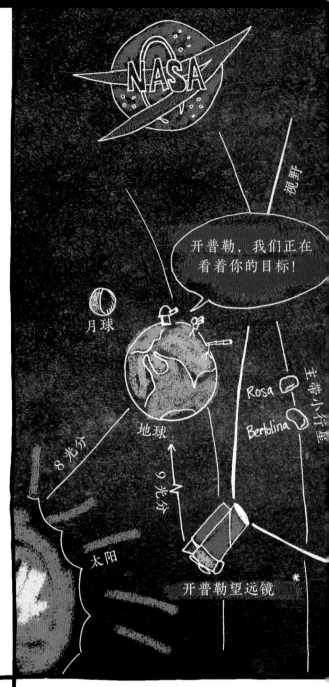

开普勒，我们正在看着你的目标！

NASA

视野

月球

地球

8光分

9光分

Rosa

Bertolina

主带小行星

太阳

开普勒望远镜

☐ 火星

科学家已在火星上发现了水存在的证据。他们还发现了其他线索，证明这颗红色星球曾像地球上的海洋一样，有过海底热泉。多数科学家正在火星上寻找生命曾经存在的迹象，但他们并不乐观——他们不认为很快能在探测器的相机镜头里发现爬行或跳跃的生物。但一些天体生物学家认为，也许正有生物躲藏在火星地表的深处。它们可能很像我们在地球土壤中发现的微生物。

☐ 欧罗巴（木卫二）

木卫二是一颗围绕木星运行的卫星，它的表面覆盖着冰，但在冰封的壳层下，木卫二的海水量是地球的两倍。木卫二的温度应该不低，所以水才能维持液态。卫星在绕着木星这颗巨大的行星运行时，不断受到木星引力的挤压和释放。虽然木星对卫星的挤压不像你压扁一个毛绒玩具那样剧烈，但有规律的运动会产生热量。那片温暖的地下海洋会是生命的家园吗？

☐ 恩克拉多斯（土卫二）

土卫二是一颗围绕土星运行的冰冷卫星。它的表面覆盖着冰，并远离"宜居带"。你一定不想在它的表面散步，因为你会窒息的！但科学家发现了富含化学物质的水柱从冰层的巨大裂缝中喷射而出，这说明土卫二的冰冻外壳下藏着一片海洋。哪里有水，哪里就可能有生命。

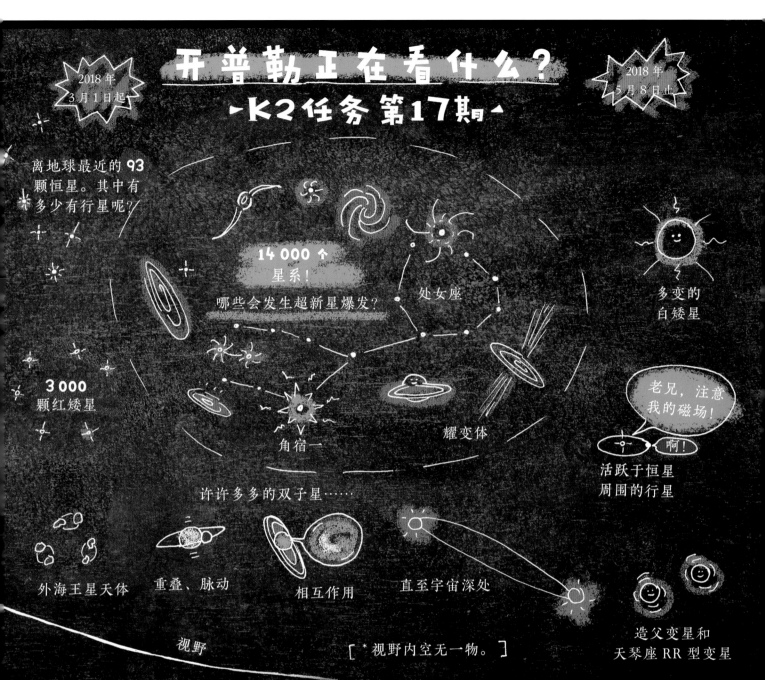

开普勒正在看什么？
K2任务 第17期

2018年 3月1日起

2018年 5月8日止

离地球最近的 **93** 颗恒星。其中有多少有行星呢？

14 000 个 星系！

哪些会发生超新星爆发？

处女座

3 000 颗红矮星

角宿一

耀变体

多变的白矮星

老兄，注意我的磁场！

啊！

活跃于恒星周围的行星

许许多多的双子星……

外海王星天体

重叠、脉动

相互作用

直至宇宙深处

造父变星和天琴座RR型变星

视野

[*视野内空无一物。]

□ 系外行星

天文学家已在太阳系外发现了许多类地行星，它们围绕着遥远的恒星公转，这引起了天体生物学家的兴趣。唯一的问题就是它们太远了。离地球最近的系外行星仍距离我们超过4光年。这意味着光从地球到那里需要4年的时间。光的传播速度比最快的太空飞船还要快。即使乘坐速度最快的火箭，我们也需要15 000多年才能到达！所以，至少现在，我们还只能通过望远镜探索这些遥远的行星。

这幅美国国家航空航天局（NASA）的涂鸦展示了开普勒望远镜在2018年观测到的部分天体

未解之谜

1.

其他星球上有生命吗？

我们已经发现了像地球一样的系外行星。我们也知道了生命生存和发展所需要的条件。但我们仍不确定其他星球上是否有生命。这是头号未解之谜，这个谜题的答案将改变世界。

科学家在系外行星K2-18b（右）的大气中发现了水蒸气的迹象。该行星也在其母恒星周围的"宜居带"内运行。这颗系外行星上有生命吗？詹姆斯·韦伯太空望远镜（上）可以帮助我们找到答案。

> 对生命的探索还远未结束。一切才刚刚开始。我们回答的天体生物学问题越多，提出的新问题也就越多。我们需要更多人加入进来解决这些问题。如果我们最终在另一颗星球上发现了生命，这将改变我们对生命和进化的理解以及我们在宇宙中的地位！"
>
> ——天体生物学家 凯特琳·凯撒

2.

生命从哪里开始，又是如何开始的？

生命可能从地球上的某个海底热泉开始，并在另外一颗或多颗星球上进化。生命也可能起源于火星，然后"搭乘"陨石来到地球。没人知道答案到底是什么。答案留给你来寻找。要找到生命的迹象，你必须设计新的航天器，并使用合适的设备。此外，各国宇航局的资金支持也必不可少。一定要做到，答应我！

3.

存在有智慧的外星生命吗？

"至于是否存在有智慧的外星生命，我们不应该对这种可能性视而不见、充耳不闻，但我们目前的大部分工作仍是寻找最简单的生命形式——它们主宰着地球历史的大部分时间。"

—— 天体生物学家 迈克尔·基普

本章小结

探索生命，以及宇宙中可能存在生命的地方，使我对我们的家园——地球有了更深刻的思考。地球身处浩瀚的宇宙，这里危机四伏。的确，我们发现了各种有趣的系外行星。这使我不禁好奇：是否存在着有智慧的外星生命，他们是否正在注视着地球，羡慕着我们？毕竟，地球是一个非常特别的地方。

第13章

独一无二的
地球

► **如果你还没意识到，** 那让我来告诉你吧：地球是神奇的，不光因为地球上有生命，还有很多其他的原因。地球的温度既不太热也不太冷。地球有引力，它将海洋和大气层紧紧地固定在地球表面。大量原子裂变产生的热量使地球内部保持温暖和剧烈翻腾。地球自形成以来就一直在旋转，连带着地球内部（地核）的高温金属一同旋转。这些近乎液态的高温金属在旋转时产生了磁场，从而引导来自太阳的带电粒子围绕地球旋转，而非高速击中我们的身体并撕裂我们的DNA。我们将这层保护层称为"磁气圈"。它就像一个巨大的力场。地球还有力场来保护自己？很不可思议吧？地球真神奇！

艺术家创作的磁气圈，对地球起保护作用

关于地壳，你要知道的两个重点！

地球的外层被称为"地壳"，由岩石构成。如果你在室外，你是站在地壳上的。你的房子或公寓是建在地壳上的。你的秘密实验室或邪恶巢穴呢？还是在地壳上。山脉、沙漠、湖泊和海洋里的所有水，以及我们所呼吸的空气——这一切都坐落或流淌在地壳上。关于地壳，你要知道两个重点。

你们听说过"**地质学**"（geology）吗？"地质学"不仅仅研究岩石。"geo"源自希腊语，意思是"地球"。因此地质学最初以地球为研究对象，但一些地质学家后来也转去研究其他行星。

1. 地壳很薄。

地壳相比地球的厚度，比鸡蛋壳相比鸡蛋的厚度薄，也比面包皮相比面包的厚度薄得多。地壳很薄。

2. 地壳总在运动。

有些科学家认为地球上的岩石圈分为六大板块，而另一些科学家则认为是七大板块甚至十二大板块。此外，还有很多小的板块。这些板块被称为"构造板块"。

一些构造板块相互摩擦后向不同的方向漂移，另一些板块迎面相撞后，其中一块滑移到另一块的下方，并沉降至地球内部炽热、黏稠的部分。在地球上的其他地方，板块正缓慢地张裂；与此同时，地球内部的炽热物质渗出至地表。

地球内部是什么？

▶ 如果我们将地球从中间切开，它看起来会是右图中的样子。第一层是地壳。有些地方的地壳厚约 70 千米，而另一些地方（如海底）仅厚 10 千米。接着是温度极高的地幔。地幔看着像流动的黏液，但实际上是半凝固的岩石。地幔之下是高温液态金属，这部分又被称为"外核"。再往下，就是地球的固体内核，主要由铁和镍及其他一些致密金属构成。

地质学家常说地幔是"可塑的"。地幔可以弯曲，而且每年仅外渗几厘米，速度极慢。

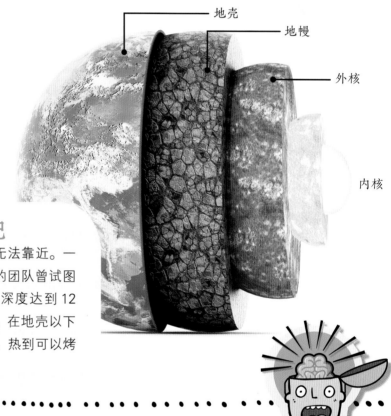

地壳
地幔
外核
内核

地质学探险记

没人去过地核，我们甚至无法靠近。一个由苏联科学家和工程师组成的团队曾试图从地壳钻孔至地幔。然而，当深度达到 12 千米时，他们就不得不放弃了。在地壳以下 12 千米处，温度已高达 180℃，热到可以烤饼干了！

地质年代

脑洞大开！

构成地壳的板块移动缓慢，每年最多移动 2 至 3 厘米。但地质学家不以年为时间单位，而是以数十万、数百万甚至数十亿年为时间单位。在这样的时间范围内，地壳活动是活跃的。板块在不断移动、伸展和断裂。当板块断裂时，新的陆地和地壳就会形成。当一些板块滑移到其他板块的上方或下方时，会产生新的岩石并掩埋旧的岩石。所有这些缓慢而稳定的运动创造了地球上的山脉、山谷、海底山峰、地震和火山。整个过程需要时间，很多很多的时间。

这块来自**加拿大的石头**有**40.3亿年**的历史 →

证据

阿卡斯塔片麻岩
（阿卡斯塔河附近
发光的岩石）

石头即时钟！

地质学家认为地球约有 45.4 亿年的历史。他们得出这个数字是因为很多岩石都是天然的时钟。观察元素周期表可知，除了质子数（元素的原子序数）外，元素符号或名称下面还有个数字，即元素的相对原子质量。它比原子序数大，因为它包含了几个或许多中子的质量。

原子和自然的运行有其规律，但时不时总有亚原子粒子从原子核中飞出。这些原子储存宇宙起源时的能量，也能将这些能量释放出去。正如我们在第 11 章里提到的，一些原子的原子序数会发生变化，从而形成新的原子。比如，铀能变成铅（原子序数从 92 变成 82），钾能变成氩（原子序数从 19 变成 18）；当铷的一个中子变成质子时，就形成了锶（原子序数从 37 变成 38）。这样的例子不胜枚举。通过使用正确的工具，地质学家可以判断岩石何时冷却及何时从液态或近液态转变为固态。太神奇了！正因如此，他

们的研究可以追溯到很久很久以前。就像侦探故事一样，故事的主人公通过调查犯罪现场的线索来推断发生了什么。只不过在地质学中，我们研究的不是去年发生的事件，而是数百万年甚至数十亿年前的事件。

这些方法帮助地质学家拼凑出完整的地球历史。许多人认为人类是这个故事的开始和主角。但如果将地球历史浓缩成 1 小时时长的电视节目，我们只在最后四分之三秒出现！太不可思议了！这样看来，我们根本不是地球故事的一部分，我们只是讲故事的人。

> 研究地球的历史就像去往离你最近的一个陌生星球，因为只有在那里，你才会知道一个没有陆地和生命的早期地球是什么样的。你可以根据岩石的组成和形状描绘出早期地球。"
>
> —— 地质学家 诺亚·普拉纳夫斯基

关于地球板块，你要知道的四个重点！

泛大陆

1. 地球上一直有新的地壳形成。在裂谷带，构造板块正缓慢张裂，热岩石挤压而形成新的地壳。

2. 北美洲正以每年约 2.5 厘米的速度远离欧洲。

3. 我们今天所知道的大陆曾经连接在一起而组成"超级大陆"，也就是"泛大陆"。

4. 地球上不止有过一个超级大陆。历史上，地球曾经历多个超级大陆周期。

但很有趣！

古老的知识

大陆漂移说

当阿尔弗雷德·魏格纳于 1930 年去世时，大多数科学家认为他关于地壳运动规律的理论是愚蠢的。魏格纳在研究地图和地球仪时注意到，南美洲原本可能与非洲相连。它们就像两块吻合的拼图。他还在大洋两岸发现了相同的岩层，里面有同样类型的化石。他认为，主要的陆地板块后来发生了分离，而且从未停止移动。但他并不确定这些大陆是如何漂移或移动的。因此，当时几乎没有地质学家相信他。

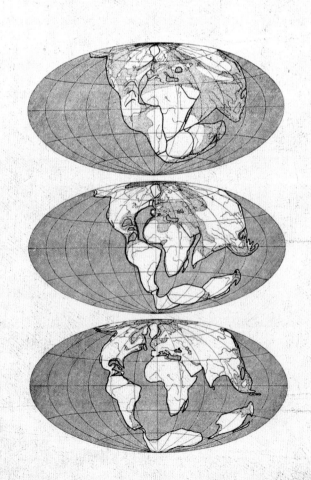

亚欧板块

珠穆朗玛峰

印度洋板块

山脉形成的原理

▶ 现在的印度曾经是个岛屿，但它并非漂浮在海洋上，而是位于地幔的高温塑性（可弯曲的）岩石上。在世界巨变和板块移动中，这片岛屿向北移动靠近另一个大陆板块——它承载着今天的欧洲和亚洲。在北移了大约 1.5 亿年后，印度洋板块撞上了亚欧板块。这种碰撞缓慢但剧烈，迫使板块弯曲并向上拱起。数千万年来，岩石地壳上的一条巨大褶皱被挤得越来越高，直至形成地球上最高的山脉——喜马拉雅山和最高的山峰——珠穆朗玛峰。

奇怪的知识！

建在"糖果"上的世界

❝ 我们脚下的地面坚硬而结实。但数百万年前，地面更像是太妃糖。当你拉它时，它会伸展；但如果你够用力，它就会断开。这就是我们所说的'裂谷作用'，也就是说，两个板块最终分离，这就是地球上形成新大陆的原因。在板块分离过程中，岩浆上升并变成新的陆地。这些源源不断的'糖果'建起了我们今天的世界。"

—— 地质学家 克里斯托弗·杰克逊

感谢火山！

火山喷发吞没了城市，掩埋了市民，将建筑物震成了废墟，给我们带来了各种各样的问题。但如果没有火山，人类或其他复杂生物恐怕无法在地球上生存。

地球刚诞生的时候，火山活动十分频繁，喷涌而出的岩浆流遍了地球各个角落。同时，这些岩浆也把一些极其重要的化学物质带到了地表。没有火山，地球上就不会有大气层或海洋。如果没有大气层或海洋，地球上就没有生命。

哎呀

火山爆发

▶ 地幔是地壳下的一层，它的温度很高，而且是半凝固的岩石。但在某些地方，岩石熔化得更加充分，这些高温液态岩石就是"岩浆"。它们在地壳内不断积聚，到了一定程度后，就从地缝和泉口喷涌到地表，形成"熔岩"。火山就是这样形成的。

火山并不都是危险的，但你得学会分辨它们。如果这是座由岩浆溢出而形成的盾形火山，比如夏威夷岛上的火山，那么它因热能无处释放而爆发的风险则相对较小。但如果这座火山因岩浆移动而爆发，并且它恰巧位于构造板块和海洋的交界处，那你得赶紧跑——最好坐飞机！海水在高温下蒸发，而水蒸气中的热能通过火山爆发而释放。这种能量是惊人的：炙热的熔岩所到之处，一切都被大火吞没，山坡在眨眼间塌陷，无人能挡。从远古时期起，地壳下就储藏着巨大的能量——"轰隆"一声，它们在火山爆发中喷薄而出。

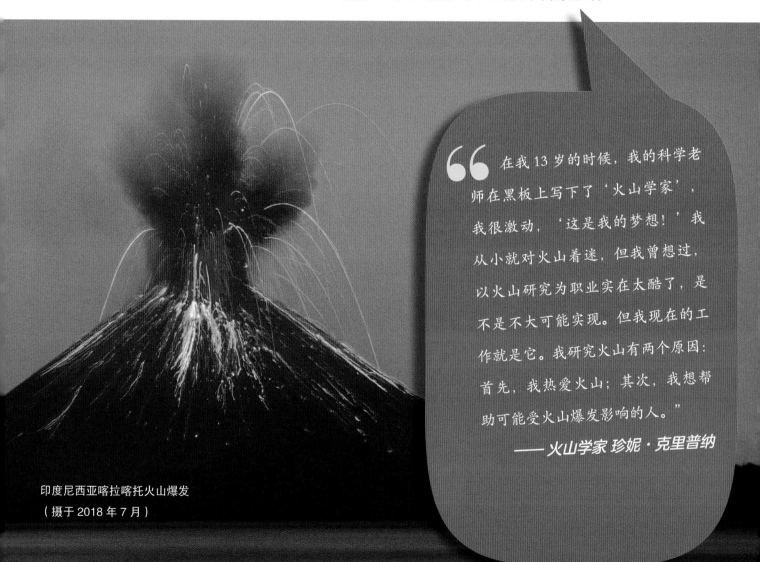

印度尼西亚喀拉喀托火山爆发
（摄于 2018 年 7 月）

" 在我 13 岁的时候，我的科学老师在黑板上写下了'火山学家'，我很激动，'这是我的梦想！'我从小就对火山着迷，但我曾想过，以火山研究为职业实在太酷了，是不是不大可能实现。但我现在的工作就是它。我研究火山有两个原因：首先，我热爱火山；其次，我想帮助可能受火山爆发影响的人。"

——火山学家 珍妮·克里普纳

科学家正在拯救世界

火山小课堂

1980 年 5 月 18 日，位于美国华盛顿州的圣海伦斯火山爆发，岩石和其他碎片以每秒 50 米的速度从山上倾泻而下。有些岩石滑落的速度高达每秒 80 米，甚至比喷气式飞机起飞的速度还快。我到过圣海伦斯火山的边缘，还在火山口漫步。这太疯狂了。那里的地壳看上去像是被巨人咬了一口的糖果，是每次火山爆发后岩石层层叠加所形成的。

科学家无法准确预测火山何时爆发，但根据某些线索，他们可以知道火山是否可能爆发。请注意，我说的是"可能"，因为这些线索也不是百分百准确的。比如，气体逸出可能只是火山释放压力的一种方式，火山反而不容易爆发。

幸运的是，大多数人都离火山很远。我们知道这些大火山的位置，科学家也正在观察它们的活动迹象，已经监测到了一些特殊的迹象。

1. 小地震

地壳震动的隆隆声是火山可能爆发的迹象。

2. 温度升高

为什么火山爆发前，泉水或地下水的温度会升高？因为滚烫的岩浆正从炙热的地球内部向上涌出。

3. 气体逸出

并不是所有火山爆发都会产生像 1980 年圣海伦斯火山爆发一样多的火山灰云——当时，火山灰云从美国西海岸一路飘到了中部地区。但不断上升的气体说明地下可能正酝酿着危机。当我攀登圣海伦斯火山时，仍能看到大团的蒸汽从山上巨大的裂缝中散发出来。

4. 地面上升

火山爆发前，周围的地面可能升高几毫米甚至几米——大约一个高个子的身高。

5. 发臭的水

当岩浆从地下上涌时，火山附近水里的化学成分也发生变化，开始散发臭鸡蛋的味道。

地震科学

➤ 地震就是地壳的震动。这个定义既简单又复杂。地壳为什么会震动？因为构造板块在不停地互相挤压、摩擦和滑动。它们有时也会连接成更大的板块，宽度可达数千千米。此外，板块弯曲也会引起地震。虽然听上去有些不可思议，但坚固的岩石实际上也会弯曲。而且，随着时间的推移，板块推挤导致弯曲越来越明显。板块边缘断裂或裂缝形成的同时，板块移动的能量就以地震的形式向外释放。

地球上的大板块有很强的柔韧性，甚至常在海浪的作用下弯曲。在这种情况下，海浪也会导致地震。

地球上每年会发生大概 50 万次地震，这意味着每天会发生 1 300 多次地震，或者说，几乎每分钟就会发生 1 次地震。那你为什么还能坐在椅子上？为什么你没有多次摔到地上？因为大多数地震我们都感觉不到。它们很轻微。但每个月仍会发生 1~2 次大地震。全世界每年约会发生 16 次大地震。

板块是怎样运动的？

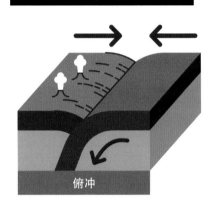

俯冲

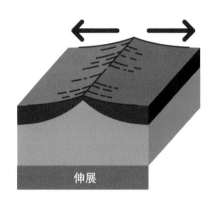

伸展

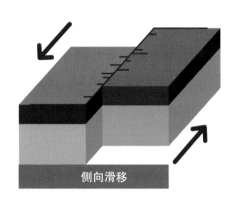

侧向滑移

地震仪正在记录地震

> 不同于其他学科，地质学无处不在。你出门就能感受到。我们总在观察身边的风景和处理我们眼前的一切。我们的大脑也对不同的时间尺度进行思考。假设我看到了一片海滩，我会问自己，如果我在 2 000 万年后回来，它会是什么样子？"
> —— 地质学家 克里斯托弗·杰克逊

美国犹他州火焰峡谷地区
地球断层线或裂缝的特写

错！

动物能预测地震

　　没有一位科学家曾准确地预测过大地震，而那些声称拥有灵力的人也从未猜对过。那动物呢？网上说大象、老鼠、猫和其他一些生物都有预测地震的能力。你或许读到过关于动物在大地震前逃跑或行为怪异的故事，但这些说法缺乏相关的科学依据，因为导致动物异常的原因是多方面的，不能简单将其和预测地震画等号。

试试这个！

地球的岩石褶皱

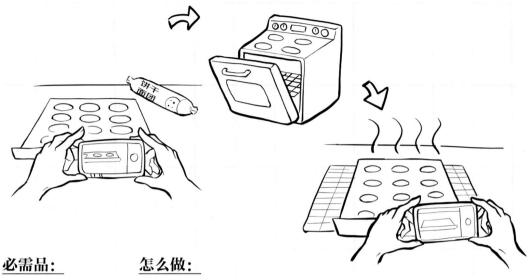

必需品：

饼干面团（最好切成一片片的，方便烘烤）

烤盘

烤箱

在爸爸妈妈帮助下操作烤箱

怎么做：

1. 按照你喜欢的口味制作饼干面团，预热烤箱。
2. 将饼干面团放置在烤盘上；或者将面团切成一片片，再放置在烤盘上。
3. 为生面团拍照。
4. 烘烤饼干。
5. 烘烤到一半时，将饼干从烤箱中取出，再拍张照片。
6. 将饼干放回烤箱继续烘烤。
7. 将烤完的饼干放置在架子或盘子上晾凉。
8. 再拍一张照片。
9. 比较降温过程中饼干表面的变化。
10. 边思考，边吃饼干。

结果：面团的表面从光滑到布满裂纹，这是因为面团冷却时会收缩。地球冷却时也是如此。地球诞生之初温度也很高，地心引力使一大团太空尘埃相撞，从而迸发出巨大的能量，所产生的高温足以熔化固体岩石。很久很久以后，地球开始降温。随着地表温度下降，它就像饼干一样收缩和产生裂纹。

本章小结

读完这一章，你会不会更珍惜我们的地球呢？我希望你明白，地球很特别。它是浩瀚宇宙中一个神奇的地方。你只需要换个尺度来衡量，不是1分钟，甚至不是1年，而是回顾地球在过去数百万年甚至数亿年里经历了怎样的变化。无数山峰平地而起，炙热的岩浆从地表喷涌而出……如果你现在同意我的观点——地球很特别，那我接下来要告诉你——

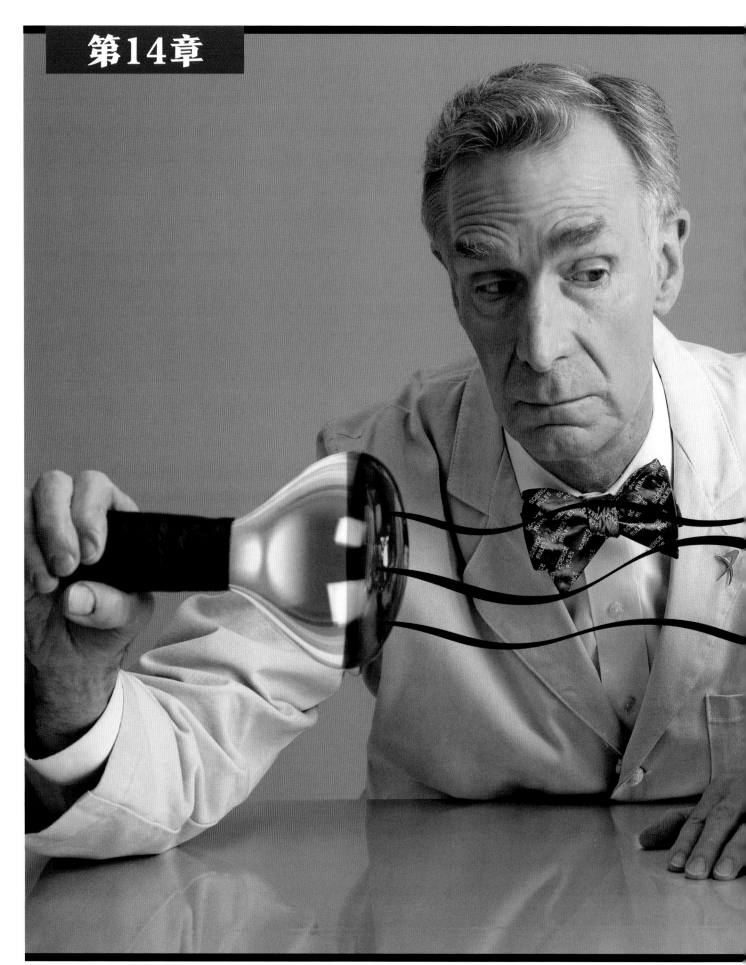

第14章

关于气候变化，
你需要知道的

年轻人在英国伦敦
市中心举行抗议气候
变化游行示威（摄于
2019 年 2 月 15 日）

➤ 我们的地球是个有趣的地方。

试试看，你能不能找到另一个和地球一样的地方：那里生机勃勃，流淌着温暖的海水和淡水，触目所及是茂密的森林，鼻尖是清新的空气，四周是巨大的力场，能保护所有生物免受宇宙射线的伤害。在地球附近，没有一颗行星满足所有这些条件。天文学家寻找了很久，却一无所获。那么问题来了：

为什么人类不好好保护地球？

人类的活动正在影响地球的气候，这是不可否认的科学事实。我们的工厂、汽车、船只、飞机和发电厂不断向空气中排放二氧化碳和其他气体。这些气体吸收热量，导致地球变暖。

正是因为越来越多的热量积聚在空气和海洋中，地球的气候受到了影响。大气中的热量越多，气候就越恶劣，干旱、洪水和极端天气也就越多。随着时间的推移，这种情况会不断恶化。几十年后，整个地球将会面目全非。

关于气候，
你要知道的两个重点！

1. 气候和天气是不同的。

天气每天或每周都在变化。比如，明天降温或者下雨，那就是天气。气候却是另一回事。"气候"是一个宏大的概念，涉及湿度和温度在数年甚至数十年间的变化。所以，即使春末的某天下起了雪，那也不意味着地球没有变暖，只能说明天气很奇怪。当科学家谈论气候变化时，他们说的不是天气，而是地球上多年来发生的变化。

嘘！本书的另一位作者格雷戈里，每天早晨都带着他的宠物狗托比出门散步。格雷戈里走路的方向是固定的，但托比总喜欢前后左右四处乱跑。托比就像天气，因为它总变来变去。格雷戈里则始终向前走，所以他更像气候。

2. 气候正在变化。

你可能听说过"温室效应"。在温室里，光线从窗户照进来并使房间升温，植物利用这些阳光发生光合作用并释放热量，温暖的空气受冷空气挤压而上升（有没有想起第7章中的自然对流和热量？），但密闭的窗户阻止了大部分热量的散发。这就是温室四季如春的原理。

现在把我们的地球想象成一个大温室。虽然地球没有窗户，但它四周的大气层就像窗户一样，阻止了热量的散发。

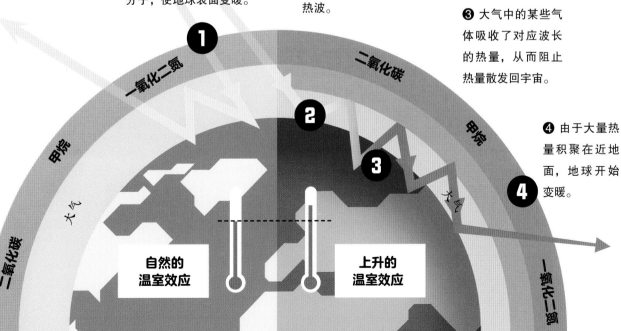

温室效应的原理：

❶ 阳光穿过大气中的大部分分子，使地球表面变暖。

❷ 太阳光能被地球表面的陆地、植物和海洋吸收，再以热量的形式向外释放。这时，光波转化成了热波。

❸ 大气中的某些气体吸收了对应波长的热量，从而阻止热量散发回宇宙。

❹ 由于大量热量积聚在近地面，地球开始变暖。

一氧化二氮　二氧化碳　甲烷　大气　二氧化碳　甲烷　大气　一氧化二氮

自然的温室效应

上升的温室效应

无形的气体，无限的力量

二氧化碳气体是什么？为什么它如此强大，以至于区区 130 份的增量就能产生这么大的影响？它是无色无味的透明气体。我们每隔几秒就会呼出二氧化碳，这个过程伴随着一些有趣的化学反应。想象一下，1 个碳原子在中间，它的两边各有 1 个氧原子，这 3 个原子排成一行。在大气层中，阳光穿过二氧化碳分子照射到地表，部分波长较长的热量在从地表向宇宙反射时，被这些分子吸收。温室的玻璃窗使阳光照射进来，却阻止热空气向外散发。温室气体的作用与此类似。

在我写这本书的时候，人类每天向大气排放超过 1 亿吨的二氧化碳。这样，每年的二氧化碳排放量超过 370 亿吨。自 18 世纪以来，大气中的二氧化碳含量几乎增加了 50%。日复一日，年复一年，我们将地球变成了一个巨大的温室。这不是件好事。

须知

二氧化碳与气候变化之间的关系

▶ 已有确凿的证据表明我们正在改变地球的气候，"罪魁祸首"就是二氧化碳。虽然它不是最大的温室气体，但由于我们每分每秒都在向空气排放大量的二氧化碳，因此它成了影响最严重的温室气体。

假设我们将大气分成 100 万个等份。在地球上还没有工厂、汽车和发电站产生温室气体的时候，二氧化碳占这 100 万个等份中的 280 份。现在，二氧化碳超过了 410 份，占比达到 0.041 0%。这个数字看似不起眼，但诸位年轻的科学家，你们要知道，这象征着二氧化碳含量剧增。因为我们向空气排放了越来越多的温室气体，大气层吸收了更多的热量。这些多余的热量导致温度升高和气候变化。

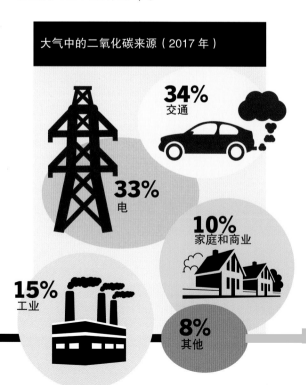

大气中的二氧化碳来源（2017 年）

34% 交通

33% 电

10% 家庭和商业

15% 工业

8% 其他

任务表

骑车吧！

　　我们无法立即使全球变暖和气候变化停止，但我们可以缓解并最终逆转气候变化的趋势。

　　如果想要减缓气候变化的速度，骑自行车是一个很好的选择。为什么？因为自行车不产生二氧化碳！当然，自行车的生产过程也会产生一些二氧化碳，但与汽车相比，这简直微不足道。

　　自行车不能满足一切交通需求。比如，自行车无法取代卡车和火车来运送重型货物。但如果所有汽车、火车和卡车都是电动的，我们就能逐步（或很快）实现全电动的交通系统。现在由天然气发电厂供能的汽车，也许以后将由完全清洁的可再生能源供能，比如风力发电机。你一定见过那些高耸的塔架：当风吹过时，它们的叶片会缓缓旋转。这种缓慢而有力的转动促使发电机发电，从而为我们的汽车、家用电器和机器人供能。风力发电不燃烧化石燃料，也不向大气排放二氧化碳！

　　你用些什么，吃些什么，使用哪些交通工具，你的一举一动，以及你做的每个选择都对气候有影响。比如，我们可以驾驶新能源汽车和以环保的方式发电，这些都对气候有好处。我们还可以多骑自行车，这既有益于环保，也有益于身体健康，还能为改变世界贡献自己的力量。

> "即使气候变化不是关乎世界未来最重要的问题，也是最重要的问题之一。了解气候变化能帮助我们为世界作出更多贡献。你不必是气候专家。普通人也可以考虑影响地球上的冰川、海洋和森林的其他过程。思考世界的运行规律，以及是什么导致了变化，这是非常非常重要的。"
>
> —— 冰河学家 艾伦·波普

另一个改变世界的小方法

　　离开房间时记得关灯。我是认真的。这也能改变世界。

哎呀

极端天气极其可能

▶ 风暴通过蓄积能量而变得更具破坏性。由于气候变化，地表吸收的热量增加，这意味着更强大的能量产生。风暴蓄积这些能量后，导致威力更大的飓风、降雨和降雪形成。我们可能会遭遇下列情形：

海平面上升

全球变暖使海洋膨胀：一方面，冰川融化导致更多的水流入海洋；另一方面，全球气温上升带来的更多热量使海洋膨胀。我们将该过程称为"热膨胀"。随着海平面逐年上升，海滩和海堤受海水侵蚀日益严重。这会对生活在沿海地区的6亿人造成怎样的影响？他们又该怎样应对这种影响？

更多的洪水

全球气温上升向大气释放了更多的热量，导致更多的暖空气受冷空气挤压而上升，这意味着更具威力的风暴将要形成。暖空气也更加湿润，因此这些风暴裹挟着更多水分，变成强雨水降落在一些还没做好准备的地区，引起更严重的洪水。

更频繁的干旱

受气候变化的影响，一些地区的降雨量增加，但其他地区的降雨量却减少。暖空气可以容纳的水分更多，所以被暖空气笼罩的地区会有更多水分进入大气层。而在一些地区，高温迫使更多的水分从地面蒸发，从而导致干旱。人们日常饮食起居和清洁卫生可使用的水就会越来越少。

关于**气候变化** 更重要的一点：

地球不在乎气候变化

　　请记住：地球并不在乎我们，也不在乎我们做什么。说真的，地球就是一整块温度超高的岩石，所以它可能感受不到任何变化；即便能，地球也会对这些变化不屑一顾。地球上的气候在过去经历了无数次变化。变化不是什么新鲜事。地球也将继续运转下去。地球已存在了 45 亿年，而人类的历史还不到 200 万年，地球的基本运行规律不因人类的意志而动摇。然而，为了我们和我们的后代，以及今天地球上繁衍生息的所有生命和生态系统，我们都应该为此忧心。

试试这个！
温度升高和海平面上升

必需品：

有盖子的玻璃罐

能装下罐子的碗

电钻（在爸爸妈妈帮助下操作）

可重复使用的吸管

食用色素

橡皮泥

怎么做：

1. 在玻璃罐的盖子上钻一个吸管大小的孔。

2. 玻璃罐里装些冷水。

3. 加入一些食用色素。

4. 插入吸管，拧上盖子，并检查水位。用一些橡皮泥密封住吸管与盖子的间隙。

5. 碗里装满热水。

6. 将玻璃罐浸入热水中。

　　结果：注意到了吗？将玻璃罐置于热水中，吸管里的水位有没有发生变化？这就是小范围的"热膨胀"。再想象一下，如果热膨胀发生在地球上，后果会有多严重！这就是气候变化对海洋的影响。

否认气候变化的四种常见观点

仍有许多人坚称气候变化不是真的，或者没什么好担心的。这些观点都太愚蠢，也令人沮丧。当然，每个人都可以有自己的想法，但几乎所有气候科学家都不同意这种观点。难道我们不该相信专家吗？显然不是每个人都相信专家。那我们该怎么办？我们参与，我们交流，我们讨论。我就是这么做的。我发现，否认气候变化的人经常使用以下一个或多个论点。

错!

1. 出乎意料的寒潮出现。

春天也许会下雪，夏天也可能有冷空气。每次这样的事情发生时，你都会听到有人高声反驳——气候变化不是真的。"科学达人，你说的全球变暖在哪里？"你要明白，这一切恰恰证明天气的确在变化。天气是特定区域内的日常事件，而气候影响却持续数年甚至数十年。气候变化事关全球。春天的降雪并不意味着温室效应不存在。请记住，如果没有温室效应，人类根本无法生存。但当我们向大气排放过多的温室气体时，地球上的热量会越积越多，最终导致气候变化。

2. 地球曾经变暖过。

在远古恐龙时代，空气里的二氧化碳更多，地球上的温度也高得多。某些地区的记录显示，地球最近一次变暖是在 950~1 250 年前。那时地球上没有工厂，也没有卡车或汽车。因此，除非是高度发达的外星人在那时来过地球，否则这种气候变化完全是自然原因所致。有些人会以此为由：如果地球曾由于自然原因而变暖，我们现在所经历的可能也是如此。也许汽车、卡车、工厂和发电厂——这些都与气候变化无关。但是，问题的关键是全球变暖的速度。科学家尚未发现任何证据表明地球曾以更快的速度变暖（除小行星撞击外）。人类改变地球的速度比以往任何时候都快，而每年排放的 370 亿吨二氧化碳就是原因。

3. 二氧化碳很伟大。

我们呼出二氧化碳，植物吸收二氧化碳。有人会认为，二氧化碳增多对地球是件好事，因为植物离不开二氧化碳。一般来说，二氧化碳的确有益于人类。但问题是，我们排放二氧化碳的速度太快，排放量太大。就像喝牛奶也有好处（当然，除非你有乳糖不耐受症，我们在第5章"进化"中提到过），但如果你在30分钟内喝下将近4升牛奶，好处也成了坏处。二氧化碳也是如此。过多的二氧化碳将导致洪水、极端天气、干旱等。

4. 恐龙解决了这个问题。

大约1.75亿年前，大气中二氧化碳的含量是今天的3倍。当时，地球上到处都是恐龙。有人因此认为，如果恐龙应付得了大量的二氧化碳，那么人类也可以。说得没错，但……它们是恐龙呀！恐龙出现时的地球气候与现在完全不同。在它们生存的数百万年里，地球上从未发生过急剧的变化。它们适应了这种气候，并生存繁衍下去。我们却不同。人类是在过去数百万年里形成的气候条件下诞生的，我们的城镇也是依据这种气候而设计的，但在气候变化中，这一切也将发生变化。除非我们开始努力阻止全球变暖，否则这将成为可怕的负担。

这块神奇的冰芯里
包裹着古老的空气

科学家如何衡量气候变化?

➤ 那么,科学家又是如何知道数百年前,甚至数十万年前的气候呢?我们正在收集信息。数据!科学家主要通过两种方式来寻找远古时期气候的线索。

∧ 钻开冰层

千百万年来,古老的空气覆盖在层层冰雪下。钻开这些冰层,科学家就能研究很久以前的大气状况。格陵兰岛的冰原中部,每年冬天都会形成厚厚的积雪。年复一年,新雪的重量将下方的雪花压成透明的冰,这些冰里仍保留了 10% 的古老的空气。向下深入,你就可以发现数十万年前被冰封的空气。科学家将这些冰样带到地表,以检测古代大气的组成。这些事实是伪造不了的。科学家已证明,数十万年前,地球上的二氧化碳比现在少。更重要的是,他们还证明了目前地球变暖的速度比以往任何时候都要快。目前,科学家已在格陵兰岛、南极洲和西伯利亚钻出了深达 3 000 米的洞,并提取了远古时期的冰块和空气样本。

< "阅读"岩石

所有图书管理员都会告诉你,无论读纸质书还是电子书,阅读都令人充满力量。通过阅读,我们可以学习几乎所有的知识。同样的,地质学家也可以"阅读"岩石了解古代的大气成分。通过研究远古时期的岩石,并与历史相对较短的岩石相比较,他们就能了解大气里的化学成分如何与地壳里的矿物发生反应。当雨水从天空落下时,空气里的二氧化碳使它变成了弱酸性。酸性的雨水具有腐蚀性。大气中的二氧化碳越多,雨水的酸性或腐蚀性就越强,某些岩石的表面会被加速腐蚀。因此,地质学家和其他科学家通过"阅读"这些岩石,就能追溯大气在过去几个世纪里的变化。

哎呀 被害的小丑鱼

➤ 每一个关于世界运行规律的问题都很重要，它们激励着你探索不同的科学领域。这一章的主题不仅是气候，也与海洋学和化学有关。众多化学实验的目的之一是检测某种液体是酸性还是碱性。橙汁和唾液是酸性的；海水是碱性的，但它正越变越酸。如果你还没试过，照着第8章里的酸碱实验尝试下。

海洋约占地球表面的四分之三，所以吸收了空气里大部分的二氧化碳。我们向大气排放的二氧化碳几乎有三分之一溶解在海洋里，并随海水流过世界各地。换言之，海洋每天吸收大约 2 200 万吨二氧化碳——相当于 1 000 万辆汽车的重量！日积月累，海洋吸收了越来越多的二氧化碳，因此海水的酸性也越来越强。这也是个问题。

海洋也曾经历过这样的变化，但那发生在数千年以前。人类只用了不到 250 年，就改变了海洋的化学成分，这对海洋生物造成了严重伤害。比如，螃蟹、牡蛎和贻贝生长外壳都离不开一种非常重要的分子——碳酸盐（由 1 个碳原子和 3 个氧原子组成）。同样，浮游植物也离不开碳酸盐。作为食物金字塔的基础，浮游植物是极其重要的微小生物。二氧化碳与海水发生反应时，会形成碳酸，并溶解碳酸盐。如果海水酸性增强，稍复杂的海洋生物，如虫黄藻的外壳将被溶解。珊瑚礁就是由虫黄藻形成的。各位年轻的科学家，这不是件好事，因为珊瑚礁支持着数千种鱼类的生存！就连可爱的小丑鱼也难逃厄运，因为酸性的海水会损害小丑鱼的听力，使它们无法逃离捕食者，只能被吃掉。

奇怪的知识！

甲烷气泡被冻进了
清澈的冰里（摄于
俄罗斯贝尔加湖）

让西伯利亚继续冷下去！

二氧化碳不是唯一的温室气体，还有一种是甲烷，它也能吸收热量。虽然空气中的甲烷比二氧化碳少，但甲烷是目前更厉害的温室气体。事实上，海底和西伯利亚等地的冻土中蕴藏着数十亿吨甲烷，那是从古老地质时期就形成在沼泽和草原里的。如果西伯利亚变暖，冻土就将融化，甲烷将被释放到大气中。海洋也是如此：海水升温使海底的甲烷浮出海面。我们不知道这些甲烷将引起什么后果，这得留给你们——未来的科学家来回答。

这些是环环相扣的！

传送带减速

亮白色的冰有一大优点，就是将阳光反射回太空。正是由于冰能反射光线，所以不会吸收过多的太阳能，这有助于保持极地海面的低温。然而，随着气候变暖，每年冬天在北冰洋形成的冰越来越少。当冰减少时，阳光直接照射在海洋表面。深色的海水吸收了更多的热量，温度逐渐升高，冰层融化加速，这引致更多的阳光照射海洋，于是海水温度越升越高。洋流传送带将热量送往世界各地（详见第4章）的同时，海水流经北大西洋遇冷而下沉。如果温度过高，海水无法快速下沉，这将减缓洋流传送带的流速。此外，墨西哥湾暖流也可能减速，这将影响欧洲的天气。真糟糕！

30多年前，北极还覆盖着大片厚厚的冰层，这些冰层能保持数年而不融化（图中白色）。而现在，北极夏季时仅有一小片冰层。

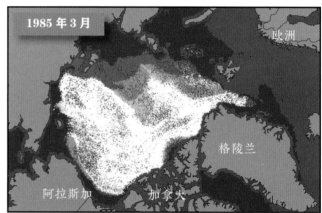

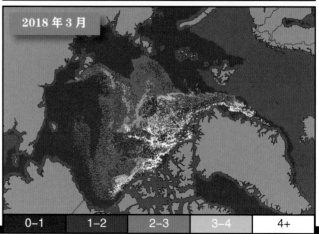

| 0–1 | 1–2 | 2–3 | 3–4 | 4+ |

海冰期（年）

试试这个！

预测寒冷的将来

必需品：

铅笔和纸

水杯

水

冰块

怎么做：

1. 将冰块放入水杯中。

2. 将水倒入杯中，直至与杯口齐平。

3. 将洒在外面的水擦干净。

4. 想象一下，如果冰块完全融化，水杯和桌面会是怎样的。把你想到的画出来。

5. 大约 1 小时后回来，看看你的预测是否正确。

结果：大多数人都弄错了。因为冰块融化产生的水和冰块本身一样重，所以水杯里的水仍然与杯口齐平。海平面上升并不是北极冰川融化造成的，而是格陵兰岛和南极洲陆地上的冰层滑入海里，升高了海平面。气候变化的否认者或反对者似乎不理解这一点，但我认为他们只是假装不理解而已。毕竟只要做个实验，他们就能明白。这就是科学！

本章小结

我要给你一个"曲棍球棒"，当然不是真正的球棒，毕竟这本书也塞不下球棒。"曲棍球棒"其实是一张图表，是我的一个朋友——气候科学家迈克尔·曼恩发明的。

迈克尔·曼恩教授于 1998 年首次发表"曲棍球棒"图表。自那之后，评论家一直抨击他和他的研究成果。曼恩是位科学家，因此他以科学作为反击的"武器"——收集更多的数据并改进研究。20 年后，数十组科学家研究了所有线索，并得出与图表所示相同的结论：地球正在变暖，而且变暖速度越来越快。

年轻的科学家，我们得做些什么来改变世界，创造更好的未来！骑自行车，研究可再生能源，使用风力涡轮机和太阳能板发电，发明新电池和高效电缆，利用强大的核能，学习气候科学……无论做什么，请记住这一点：地球是人类赖以生存的唯一家园，我们要保护好它。

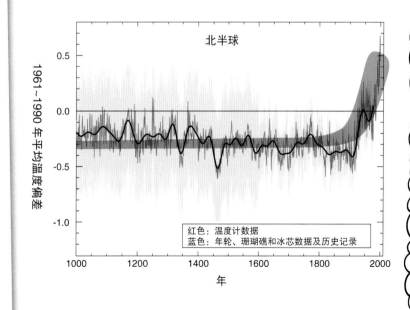

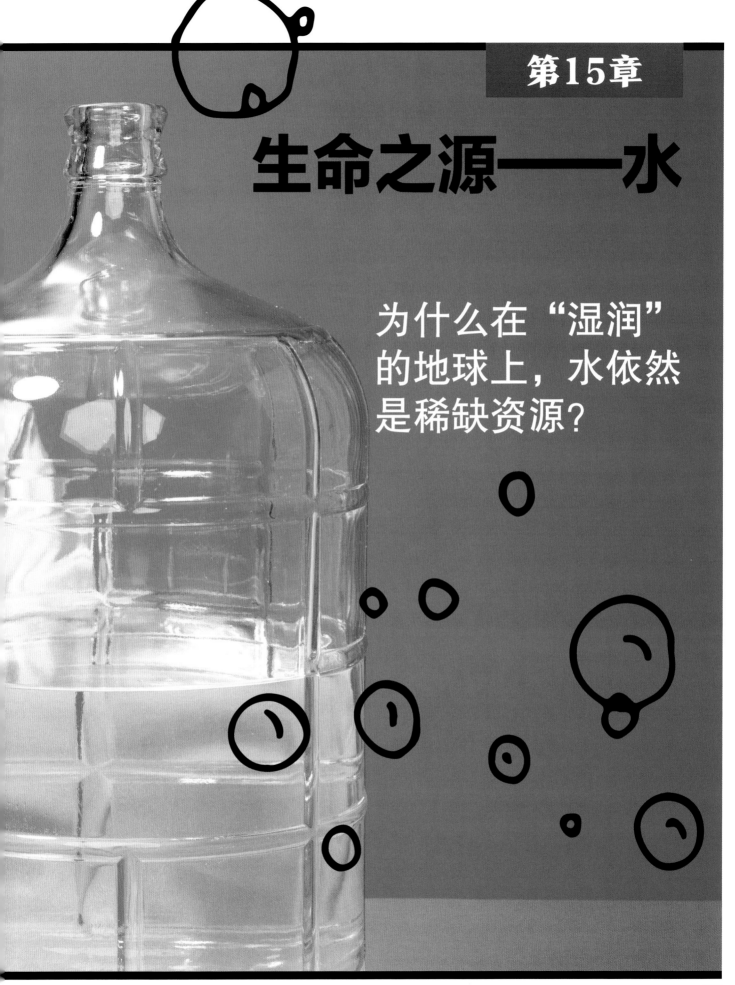

第15章

生命之源——水

为什么在"湿润"的地球上，水依然是稀缺资源？

水都在海里。是这样吗？是的，大部分水都在海里。但我现在要说的是人们日常生活中用到的水：饮用水，洗盘子、种番茄的水和洗澡水。我们称之为"淡水"。淡水不像海水那样咸。专门研究淡水的科学叫"水文学"，水文学尤其以陆地上的淡水为研究对象。除了水井和泥流外，水文学家还研究地下土壤和岩石中存在了数千年甚至数百万年的水。这门科学正变得极其重要，因为在世界上许多地方，清洁、可靠的淡水资源正日益枯竭。这听起来也许令人疑惑，因为我们生活在被水覆盖的星球上。然而，地球上的大部分水都在海洋里，我们不能喝海水，否则人体细胞中天然存在的水将透过细胞膜流出细胞。所以喝海水不仅不能解渴，反而会使人脱水。陆地植物，比如农作物，也不能用海水浇灌。

地表的大部分淡水都以冰和雪的形式储存起来。我们饮用的大部分水都来自冰山上融化的冰雪，以及从云层中落下并聚集在湖泊、溪流和水库中的雨水。当海洋表面的水蒸发时，盐分继续留在海里，而水分形成云层并为森林和高山带去无盐的雨雪。也有一部分水深埋在被称为"含水层"的地下。含水层中的水叫什么？没错：地下水！

人类目前面临的一个大问题是，许多地方将要耗尽地下水。专家预测，到 2025 年，地球上有三分之二的人口将生活在缺水地区。在今后几十年里，水将变得至关重要，甚至有国家可能为此而开战。年轻的科学家们，请继续读下去，因为这个问题必须得到解决。我们需要更多的水文学家。

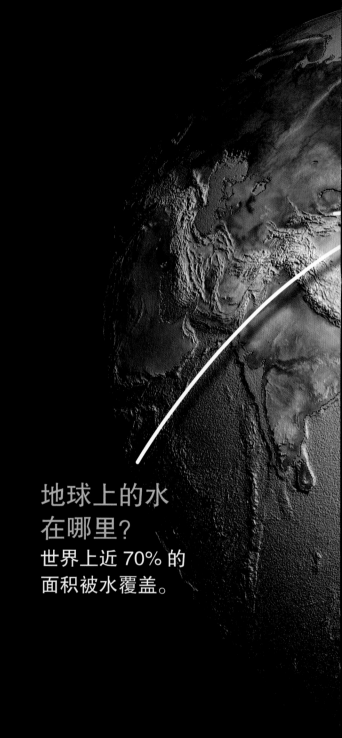

地球上的水
在哪里？
世界上近 70% 的
面积被水覆盖。

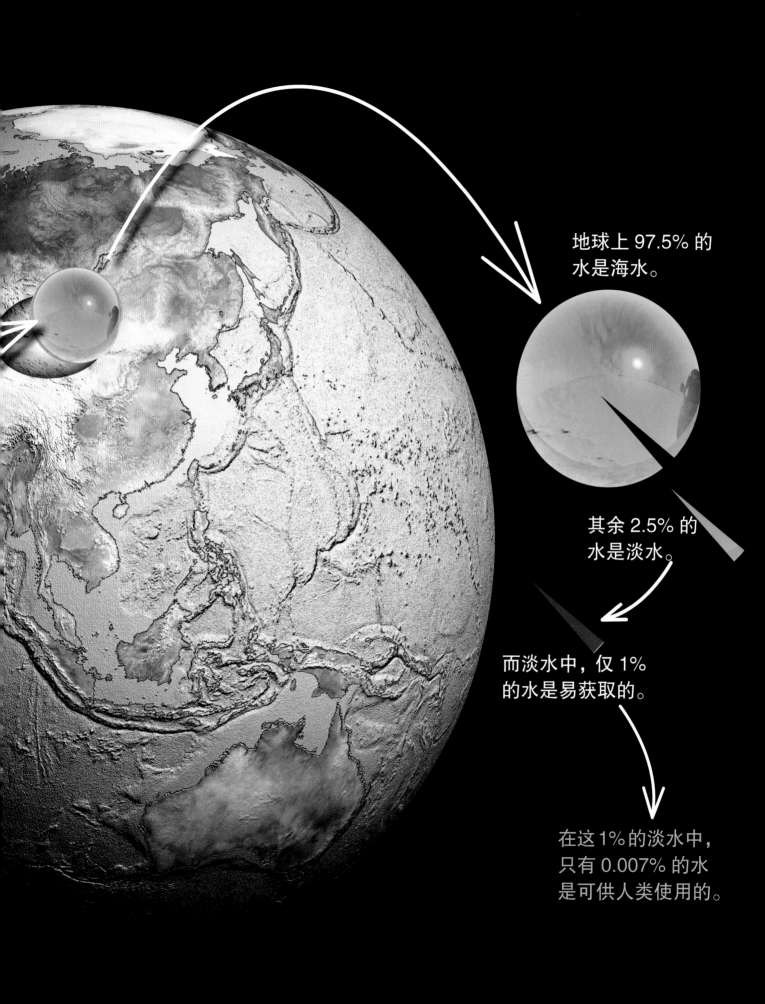

地球上 97.5% 的
水是海水。

其余 2.5% 的
水是淡水。

而淡水中，仅 1%
的水是易获取的。

在这1%的淡水中，
只有 0.007% 的水
是可供人类使用的。

蒸发

蒸腾

引力

降水

水循环

▶ 前面已经介绍过全球范围内的水循环了，接下来要介绍的是更加局部的水循环——陆地水循环。那是哪些因素驱动了陆地水循环呢？

蒸发

大气从海洋和湖泊中吸收水分，水分遇冷聚集成云。

蒸腾

植物向空气中散发水蒸气。

降水

水以雨、雪、冰雹或雨夹雪的形式从天空落下。

引力

水在引力的作用下，落在江河、植物、土壤、房屋或头顶，而且不停向下流。

听上去很简单？不，一点都不简单。水循环涉及多条路径。

1. 流走

部分降水流过地面或土壤，最终流入溪流、湖泊和海洋。

2. 下渗

当水漫过大地时，土壤、岩石就会将其吸收，并储存数天或数十年。在一些地方，土壤需要数周甚至数年才能完全吸收这些水。但就像海绵一样，土壤的吸水量是有限的。如果吸收饱和了，水将从地表渗出。

3. 升空

部分落到地表的水会通过蒸发再次升空。人和动物呼气时，会向空气中散发水蒸气，这就是呼吸作用。植物也是如此。它们的根部吸取土壤中的水分，接着通过叶子将部分水分散发到空气中，这就是蒸腾作用。

4. 留在原地

当然，水并不总是奔腾流淌，水也可以在地球表面聚集。比如，湖泊就像个天然的大碗，它能收集流经这个区域的淡水，并将其储存数周甚至数十年，直至湖水蒸发或流向海洋。

> "大多数人想起水时，他们想到的是河流、湖泊、雨雪、水库和其他能看见的水。他们其实不大了解地下水，但世界上有三分之一的人依赖储存在岩石和含水层中的地下水。有些含水层里的水存在了数亿年，但我们正在消耗它们。这些水一旦消失，就再也没有了。"

——水文学家 杰伊·费明力提

> "人们一直理所当然地认为，土壤能够吸收所有的雨水。但问题是，土壤吸收和保持水分的能力是否与降雨变化保持一致。越多的水从地面进入大气，就会有越多的水作为降雨返回地面。如果土壤失去保持水分的能力，或者降雨速度明显超过土壤吸收水分的速度，洪灾就将发生，就像是一桶水被打翻一样。"
>
> ——水文学家 托德·华特

非常深刻的演示

水文学小课堂

1. 找个小杯子。纸杯就可以了，但可回收的更好。

2. 杯子里装满泥土，再放在户外的地上。

3. 用滴管吸满水。

4. 将滴管里的水慢慢挤入杯中。观察。

5. 另外找个水壶，里面装满水。

6. 将水壶里的水一股脑儿倒进杯中。观察。

当每一寸土壤都被水淹没时，这样的土壤就是"水成土"。这种土壤里的微生物几乎得不到氧气，湿地生态系统中的一切因此而改变。

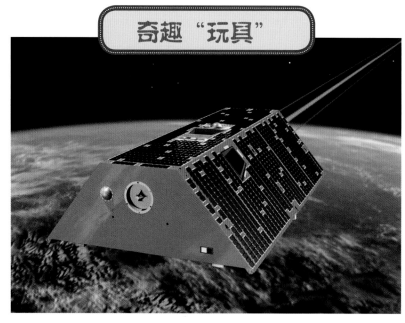

奇趣"玩具"

测量世界水资源

科学家正在研究的一个问题是，有多少水从溪流流入海洋，有多少水蒸发，水从哪里来，以及河流和湖泊能容纳多少水……好吧，也许不止一个问题。为了解答这些问题，美国国家航空航天局计划发射一颗新卫星。通过向水中发射雷达波，这颗卫星能实时监测世界各地河流和湖泊随水循环而涨落的水位变化。别担心，雷达波对鱼类没有影响。电磁雷达波极其微弱，相当于一根绕地球运行的火柴。你怎么都看不到这根火柴，因为光线太暗了。雷达波也是如此。

任务表

制作堆肥！

当土壤里充满了枯叶等"有机物"或"堆肥"时，这样的土壤就更加健康。虽然这些物质对某些生物无用，但却是细菌和其他有机体的食物。我的水文学家朋友托德·华特告诉我，这种土壤能保持更多的水。任何食物残渣都可以成为堆肥，使土壤更健康和肥沃（不过，千万别使用肉类和奶制品，因为它们会引来一些害虫）。你也可以自己收集堆肥，并交给你家附近的堆肥厂。越来越多的城镇垃圾处理站都有了堆肥设施。但我们也可以自己建个堆肥中心！

哎呀

雨啊，慢点下！

▶ 气候变暖正在加速水分蒸发。更多的水从地面进入大气，而水又必将通过降雨落下，因此更多的水最终以雨或雪的形式回到地面。但问题是，降水量变得越来越不均匀、不稳定，且难以预测。暴雨发生的频率越来越高，而土壤保持雨水的能力越来越弱。这些无法被吸收和保持的雨水越积越多，进而造成了洪水。

必需品：

一个带盖子的桶，大约15升大小
一个钻孔机
剩饭剩菜
一些对植物有益的土壤

怎么做：

1. 在靠近桶底的侧面钻几个小洞（你可能需要爸爸妈妈的帮忙）。

2. 翻出冰箱里已经腐烂的蔬菜或剩饭剩菜，以及家里发霉的面包，将它们全都塞进桶里。

3. 在这些食物残渣上铺一层薄薄的土。

4. 将桶密封住，并置于阳光下。

5. 每天往桶里添加腐烂的食物，直至装满；隔三差五也加些土。

6. 每隔几天检查桶里的东西，闻闻里面的气味。如果刺鼻的味道使你不得不捏住鼻子，就说明"大功告成"了！

7. 臭虫、蚯蚓和恼人的苍蝇也在起作用，但你是培养健康、肥沃土壤的关键。数月之后，你可以将这些又黑又臭的肥料用在花园里，或者捐给农场主。你需要反复尝试、实践甚至犯错，才能形成适应当地气候的堆肥。如果有更多的人参与制作堆肥，我们不仅能培养出更健康的土壤，容纳更多的水，还能减少垃圾填埋场要处理的垃圾量。

淡水的四大挑战

☑ 1. 为干旱做好准备

科学家发现，地球上干旱的地区正越变越"干"，而潮湿的地区也越变越"湿"。美国加利福尼亚州当初建设农场和城市的供水系统时，设想得很完美：冬季时，水化作雪落下，积雪覆盖美丽的山脉；春季和夏季来临时，雪融化成水并缓慢流向农场和城镇。然而，时过境迁。如今，下雨比下雪的可能性更大。雨水也不像雪水那样缓缓流动，而是顺着山坡奔流而下。这种情况使加利福尼亚州的天气越来越极端：暴雨的间歇是长时间的干旱，导致一些地区发生可怕的火灾。我希望未来的水文学家和工程师能设计出新的储水和灌溉方式，满足该地区的农场和城市所需。我们需要解决这个日益严重的问题。所以，未来的科学家们，努力学习水文学、灌溉技术和水资源工程吧！

☑ 2. 抗洪

突发性洪水灾害会造成很多人死亡。水文学家能帮助预防和预测洪水。由于气候变化，这项工作变得越来越困难，也越来越重要。地球上的某些地区正遭受前所未有的降雨量。我们必须预测哪里将发生洪水，并建立防洪和抗洪设施和系统。

3. 减少塑料污染

丢弃在马路上的塑料瓶掉进下水道后，顺着小溪、河流最终流入大海。此外，比塑料瓶更小的塑料颗粒——"微塑料"也会随河流流向大海。微塑料中的一大部分来自香烟滤嘴。现在正有大量的香烟滤嘴源源不断地涌入海洋——又是个禁止吸烟的好理由。冬天穿的摇粒绒外套呢？它们不仅保暖功能良好，更重要的是，它们通常由塑料回收物制成，既节约资源又保护环境。但细小的塑料绒毛可能由于洗涤而脱落，接着流入下水道，最后被水冲向海洋。这很糟糕。但有多糟糕，有多少塑料通过这种方式进入海洋，我们不知道。

4. 过滤海水

地球表面的绝大部分是水，但这些水大多是海水，不能直接用于耕种或饮用。另一方面，庞大的人口正在耗尽宝贵的淡水。所以，我们得想办法去除海水里的盐分。这个过程被称为"海水淡化"，它的难度远胜过人们的想象。煮沸海水是一种方法——水分蒸发后留下盐分，水蒸气再遇冷凝结成淡水，但这需要许多热量。另一种方法是过滤——使海水流经一种特殊的过滤器，从另一头取得淡水，但用泵抽运海水也需要许多能量。此外，这种过滤器的生产过程要消耗大量能源，成本也很高。所以，我们需要一种经济实惠的方法来淡化海水。这也许是我们要解决的头号难题，毕竟它关系着人类的未来。

鹅妈妈、路易和皮埃尔

如果你问人们怎么看待水文学，有些人认为这是门非常古老的学科，而另一些人则认为它刚兴起不久。数千年来，有些人一直在研究水是如何流动的，以及如何将水引至农场。他们就是水文学家。据我所知，最早开始真正尝试测量淡水流量并研究其与降雨关系的科学家之中，有一位身无分文的法国人。

皮埃尔·佩罗是生活在17世纪的巴黎人。他的弟弟夏尔·佩罗是著名的诗人和作家，创作过《鹅妈妈的故事》等童话。皮埃尔是国王路易十四的臣子，负责为国王征税。这是份相当不错的差事，直到国王下令停止征税。皮埃尔失业了，还欠了别人一些钱，但他后来成了科学家！

皮埃尔决定测量降雨量，并追踪塞纳河的流量。塞纳河是一条流经巴黎的著名河流。通过比较测量结果，他发现降雨和河流流量之间存在关系。他还开发了水循环模型，包括蒸发和蒸腾的作用。

"河流与树"小课堂

树木更"喜欢"陈水

水文学家通过特殊的技术，就能追溯土壤里的水分子存在了多久。他们有个奇怪的发现：树木更"喜欢"陈水，而不是刚下的雨。因为在土壤中的时间越久，水分中的营养物质就可能越多。

河流里"藏"着陈水

大雨当然会使河流上涨，但这并不意味着所有河水都来自这些倾盆大雨。水文学家发现，河流中流动的雨水冲刷出河岸上长期储存的地下水；而河水像转动的传送带一样，裹挟着这些地下水奔腾而去，水位也越涨越高。

新下的雨 →

河流冲刷出河岸上的地下水
地下水注入河流并流向下游

储存时间更久、营养更丰富的地下水

非常深刻的演示

蒸腾作用

1. 找一盆绿叶植物，它至少有两根枝丫。可以是一株小小的番茄，或者是一种蕨类植物。

2. 取一个透明的塑料袋——尽量是可降解的那种，并将它轻轻地套在植物的一根枝丫上，接着用绳子系住袋口。

3. 给土壤浇水，使它保持湿润即可，千万别浇多了。

4. 观察植物发生蒸腾反应时塑料袋里的变化（蒸腾作用就像植物在呼吸）。

5. 记得把塑料袋取下！轻一些！好好呵护这株植物。它帮你学到了一些有用的知识。也请收好塑料袋，可以下次再用。袋子里的水分含量取决于时间和天气。用不同的植物多试几次吧！

试试这个！

饮用水里含有多种化学物质

必需品：

两个透明的玻璃盘子或碗

蒸馏水（缺少普通水中的矿物质，可以在超市买到）

自来水

怎么做：

1. 向一个盘子里倒一些蒸馏水。

2. 向另一个盘子里倒一些自来水。

3. 将两个盘子放在阳光下自然晒干。

结果：在盛自来水的盘子里，有一层矿物质薄膜覆盖在盘底，你每天都在饮用这些矿物质。水携带着重要的矿物质流遍世界各地。

本章小结

我们并没有失去水，地球上到处都是水。但随着气候变化，水也在发生变化。地球上的一些地区将有更多的水，而其他地区的水则明显减少。水文学家杰伊·费明力提用了数年时间研究水是如何在世界各地流动的，以及由此产生的问题。他认为，我们不仅需要水文学家，还需要发明家和工程师的帮助。我们需要科学家培育出耐旱和耐涝农作物，我们还需要找到更好的方法来回收和再利用水。"水是生命的源泉，"费明力提说，"它很可能是 21 世纪和 22 世纪最重要的资源。"

所以，年轻的科学家们，开始研究水吧！你可能会拯救全世界。

第16章

太阳系是
如何形成的

► **我们的星球**——地球位于一个叫"太阳系"的地方。我喜欢这里，你也一定喜欢。太阳系的中心是一颗发光发热的恒星——太阳。地球是太阳系的行星之一，也是人类的家园。如果我们破坏了这颗温暖而湿润的星球，我们将无"家"可归。太阳系里还有其他的行星和卫星——那是我们下一章的内容。在这一章里，我们先来了解下太阳系是如何形成的，以及它在早期遗留下的一些神秘物质。

地球的"邻居"

1	**8**	**158**	超过 **3 500**	超过 **800 000**
颗恒星	颗（传统意义上的）行星	颗卫星（当你读到这本书的时候，我们也许发现了更多的卫星）	颗彗星	万颗小行星

杰拉德·柯伊伯是一位天文学家，他证实了"柯伊伯带假说"。柯伊伯带位于海王星轨道的外侧，是一片圆盘状区域，密集分布着小天体及太阳系形成的残留物质。但奇怪的是，柯伊伯又认为这片圆盘已经不存在了，那里什么都没有。他还推测这些天体应该位于更远的地方。所以在某种程度上，他推翻了自己的预测。但不管怎样，柯伊伯带还是以他的名字命名的。

数百万

颗冰冻的天体，被称为
"柯伊伯带天体"，
或简称KBOs，
其中有冥王星等矮行星

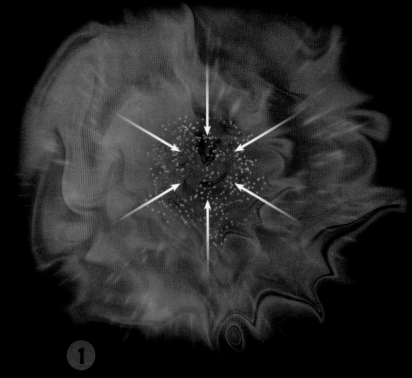

太阳系是
如何诞生的

▶ 科学家们非常确定，我们的太阳系形成于大约 46 亿年前。这是如何发生的呢？我尽量"简单"地为各位解释一下：

1

引力使一团巨大的气体和尘埃聚集在一起，其中含有氢、氧、碳等元素周期表上几乎所有的元素。也许你很好奇，这些尘埃是从哪儿来的？我将在下一章里介绍。接着往下读！

2

引力吸引着气体和尘埃越靠越近，气团的体积于是越变越小，并开始高速旋转。当这些微小颗粒相互碰撞时，它们的动能就被转换成了热能。

3

在旋转的气团中心，原子开始融合。一部分质量转化为能量（还记得第 10 章里爱因斯坦最著名的公式吗？）。光和热向外释放，但引力仍牢牢吸引住一切。经过引力的挤压，以及在强核力和弱核力的共同作用下，恒星诞生了。

5

这只"圆盘"的外部和温度较低的部分开始结冰。冰和尘埃颗粒相互碰撞，混合成更大的物质。引力使它们聚集成一团，还"拉来"更多的冰和尘埃加入它们，于是形成了旋涡。最后，引力将它们挤压成小的圆形行星。

6

太阳系里最早的行星就是由这些残留物质形成的。它们靠近太阳，被称为"带内行星"。水星、金星、地球和火星都是带内行星，它们由致密的岩石物质构成。

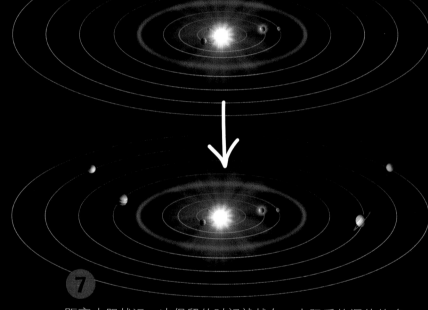

4

残留的气体和尘埃并未被卷进中心，而是围绕着这颗新诞生的恒星（在本章以太阳为例）外侧旋转。在引力作用下，围绕恒星旋转的尘埃慢慢变成了一个圆盘形状。就像在陶轮上捏制陶土一样，只要旋转时间够久，形状就会变得非常均匀——一个近乎完美的圆。

7

距离太阳越远，冰保留的时间就越久。太阳系的深处的确有大量的冰。因为温度很低，冰能与氢化合物、岩石和金属结合，从而形成气态巨行星——木星、土星、天王星和海王星。

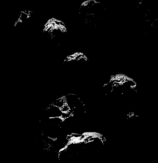

8

与此同时，还有更多的残留化学物质聚集成我们现在所称的"小行星"和"彗星"。

整个过程持续了数亿年——对人类来说，十分漫长；但对宇宙来说，不过是眨眼之间。

彗星和小行星

➤ 一颗彗星和一颗小行星在外太空相撞，会释放多大的威力？想象一下，假如它们在黑暗的巷子里"打架"，谁会赢？这很难说，可能两败俱伤。因为它们"出招"的速度都高达每小时数千千米，这将摧毁附近的社区，乃至整个国家。这些天体究竟是什么？它们有什么区别？我们为什么要关注它们？

尘埃尾

离子尾

太阳

小行星

小行星是非常有趣的太空岩石，它们的形状和大小各异，大多集中在小行星带里。不过，与其说是小行星带，倒不如说它像个巨大的太空"甜甜圈"，被火星和木星轻轻"挤压"在中间。有些小行星比希腊罗德岛还大，还有的是美国新墨西哥州的大小。与彗星不同，小行星不含大量的水分，所以没有美丽的彗尾。但有些小行星富含有用的矿物质——只要我们能到达那里。

彗星

彗星是冰、气体和尘埃组成的岩石混合物。科学家已统计出太阳系中有超过3 000颗彗星，但可能还有数十亿颗尚未被发现。经验老到的天文学家，对彗星最感兴趣的地方是它们奇妙的"尾巴"——彗尾。大部分彗星具有两条彗尾。当彗星逐渐靠近太阳时，它的一部分冰因太阳的高温而被蒸发。冰里通常混合着尘埃，因此在彗星的后方形成"尘埃尾"，大多指向与太阳相反的方向。然而，当彗星在其轨道上运行时，会不断释放尘埃，因此尘埃尾常随着彗星的轨迹而弯曲。与此同时，碳、氧、氮和其他物质的分子从彗星的冰物质里蒸发。当这些原子与太阳射出的带电粒子碰撞时，它们将失去电子，从而形成带正电的离子，这就是彗星的"离子尾"或"气体尾"。这些离子尾总是指向太阳的反方向，而且它们不像尘埃尾那样沿着轨道而弯曲。如果条件合适，你能看到彗星经过时的"身影"——尘埃尾和离子尾。

彗尾可能长达数百万千米，有些彗星可能需要数千万年的时间才能绕太阳一圈。

为什么小行星没有大量的冰？因为它们在靠近太阳的地方形成，水不容易结冰。与之相反，彗星在远离太阳的地方形成。它们长时间位于寒冷的太阳系深处，冰更容易保持。

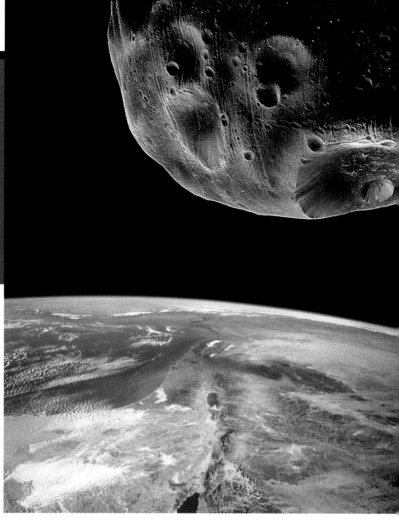

关于太空岩石，
你要知道的
三个重点！

行星科学家，小行星、彗星专家汤姆·普雷蒂曼列出了研究彗星和小行星的三大原因：

1. 它们是时间胶囊。

自太阳系形成以来，小行星一直在冰冷黑暗的太空中围绕太阳运行，没有发生明显改变。通过研究它们，我们能了解宇宙起源之初的样子。

2. 它们很有价值。

有些小行星富含铁和铂等矿物质，也许将来会有用；还有一些小行星的岩石里有冻成冰的水。如果要探索太空深处，我们将需要可靠的燃料来源为太空飞船提供动力。我们或许可以收集小行星上的 H_2O（也就是水），并将其转化为氢和氧，以此在太空里生产燃料。小行星可能成为"宇宙加油站"。这是个大胆的想法，但人们正为此付出巨大的努力。

3. 它们可能很危险。

世界各地的宇航局都在密切关注和追踪近地天体。顾名思义，近地天体就是轨道与地球轨道相交的天体，它们可能具有撞击地球的风险。别紧张，现在一切都安然无恙。但我们的地球的确遭受过小行星的"致命"撞击。比如，很久很久以前，一块太空岩石造成了恐龙和其他大多数生物的灭绝。1908 年，一颗小行星摧毁了俄罗斯好大一片森林（这起事件发生在 6 月 30 日，因此这天被定为国际"小行星日"）。所以，我们必须时刻观察天空，以确保这样的撞击不会再次发生。1908 年的撞击事件实属罕见，比它威力还大的小行星撞击事件发生的概率就更低了。但如果真有一个巨大的天体不幸撞上了地球，那将会造成非常非常严重的后果。

66 彗星和小行星是太阳系中最古老的天体。正因如此，你看着它们，就能知道太阳系诞生时的样子。"

—— 天文学家 *阿里尔·格雷考斯基*

小行星减灾任务

2013 年，一颗房屋大小的小行星飞速撞上了地球的大气层，在俄罗斯车里雅宾斯克州的上空爆炸。爆炸产生的冲击波震碎了地面上许多建筑物的窗户，并造成 1 000 多人受伤。所幸，无人在爆炸中身亡。但假设一个更大的物体即将迎面撞上地球，我们要怎么阻止它？有人提出了自己的想法。

∧ 放置核弹

在 1998 年的电影《世界末日》中，美国国家航空航天局派出一支队伍，他们计划在一颗即将撞击地球的小行星上放置一枚核弹，以消灭这个威胁。在影片的结尾，这支队伍克服千难万险而获得成功，但现实生活中的科学家并不赞成这种做法。小行星上布满了孔洞，因此，爆炸不一定能摧毁它，反而将一块完整的太空岩石炸成了数个较小的碎块。它们撞击地球的轨道并未改变，依然会对我们造成威胁。

真正对地球具有灾难性影响的撞击，发生的可能性极小，但这并不意味着我们可以掉以轻心。我们必须发现所有存在风险的太空岩石，而这个过程就像在黑暗中寻找木炭那样困难。但与整个宇宙相比，太空岩石的温度高得多。所以，我们可以为太空飞船设计专门的仪器，比如红外望远镜，用于发现这些太空岩石。如果你对这本书里的其他科学领域都不感兴趣，那么成为一名小行星专家，你觉得怎么样？总有一天，你将有机会拯救世界，或者一两座大城市。

∨ "牵引"法

另一种改变小行星轨道的方法是向它的周围发射一两艘太空飞船。太空飞船对小行星的引力可能会改变其轨道，从而阻止撞击。引力就像是科幻小说里的牵引波束。这将需要一艘巨大的太空飞船，以及成吨的燃料，但这是个很酷的主意。

> 激光 "蜜蜂"

关于向小行星发射激光束以改变其轨道，行星学会开展了多项研究。我可不是开玩笑。工作原理是这样的：激光从一艘甚至好多艘航天器上发射，同时瞄准太空岩石。激光将小行星的碎石蒸发掉，碎石和冰块蒸发时喷出的气体对小行星产生了推力——一种对蒸汽喷射作用的反应（还记得第 6 章里的内容吗？）。这种方法的关键是建造几艘或几十艘激光航天器，它们利用太阳能板发电而产生激光。因为它们就像蜜蜂一样成群结队地被送上太空，所以被称为激光 "蜜蜂"。这种想法深深吸引了我，让我渴望在行星学会里工作。我喜欢用科学来解决问题。这就是工程！

推推它！

为了阻止小行星撞上地球，还有一种策略是在它距离地球还很远的时候，派出一两艘航天器与它相撞，就像美国国家航空航天局的 DART 航天器任务一样。撞击也会对小行星产生推力，加快或减缓它穿过地球轨道的速度，从而避免了碰撞。

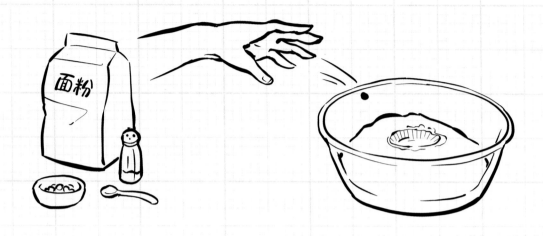

试试这个！
轰炸后院

必需品：

一个搅拌碗，越大越好

一个小量杯或麦片碗

1~2千克面粉

1~2勺磨碎的胡椒粉

水

怎么做：

1. 在大碗里倒入一半面粉。

2. 在小杯或小碗中加入等量的胡椒粉和面粉，并倒入少量水。

3. 把胡椒粉和面粉混合后搓出几个球，和豌豆差不多大小即可。

4. 把这堆东西拿到室外（千万别在家里做这个实验！）。

5. 将搓好的球丢进面粉碗里。

6. 观察它们在面粉里砸出的坑。

7. 来袭的"太空岩石"（面粉胡椒球）发生了什么？

8. 大碗里的面粉发生了什么？面粉被砸得到处都是！

9. 胡椒粉呢？

尝试从不同的高度、角度和距离扔下辣味"小行星"，并研究"陨石"坑的差异。我想你一定会对面粉迸溅的距离感到惊讶（所以我告诉你千万别在室内做这个实验）。

结果：远古时期，一颗小行星撞上了现在的墨西哥希克苏鲁伯海岸，大量岩石物质从陨石坑里喷薄而出。这些喷出物呈锥形向上喷射，直径非常大。这次撞击的另一项发现是，与地球周围的行星和月球一样，小行星也由几乎相同的物质组成，而且它们的移动速度很快。无论小行星以什么角度飞来，碰撞产生的冲击波（像雷声一样）往往形成圆形的陨石坑。科学家们穷尽一生的时间来研究陨石坑。我们越了解小行星、彗星和陨石坑，就越能知道过去发生了什么，这将有助于我们在未来做好准备。几十亿年来，太阳系里的行星和卫星，包括地球在内，不断受到太空岩石的撞击。

未解之谜

生命是从彗星起源的吗?

彗星上不只有水,也有有机物质——生命的碳基化学成分。有项太空任务专门分析了彗星 67P 的尘埃,其中一半是有机尘埃。这颗彗星上还有特殊的化学物质——氨基酸,这是生物的关键物质。那么,如果彗星上有水和生命成分,是否意味着生命可能起源于这些孤独的太空岩石,并在它们与地球相撞时留在了地球上呢?年轻的科学家们,快开始探索浩瀚的宇宙吧!

感谢彗星带来了水

水是地球上生命繁衍生息的关键物质之一,但地球是如何获得这些水的呢?今天的科学家认为,在引力聚集形成地球的首批物质时,水就是其中之一。此外,还有些水可能是由彗星和小行星带到地球的。就像巨大的水球一样,这些富含水的太空岩石在撞上地球表面时,化作了海洋。即使撞击产生的热量将水变成了蒸汽,它迟早还会冷却并落回地球。

我们将机器人送到了小行星上

早在 2001 年，近地小行星探测器"舒梅克号"就降落在了小行星爱神上。2014 年，探测器"隼鸟 2 号"在采集了小行星龙宫的样本后运返地球。2018 年末，"奥西里斯 -REx 号"探测器抵达贝努——一颗以埃及不死鸟神话命名的小行星。贝努的名称是上小学三年级的迈克尔·普齐奥提出的。当时，这颗小行星以每小时约 10 万千米的速度飞行，并可能在 22 世纪末撞上地球。但幸运的是，我们追上了它。如果一切顺利的话，当你成为科学家时，说不定会研究它的一些样本。这种太空任务持续数年之久，但从不过时：从 50 多年前宇航员带回地球的月球岩石等样本中，科学家仍能有惊人的发现。

玛丽亚·米切尔

玛丽亚·米切尔是美国首位女天文学家，她于 1818 年出生在美国马萨诸塞州的南塔克特岛。起初，米切尔是名图书管理员，但她经常在晚上研究恒星和行星。一天夜里，米切尔在她父亲工作的银行屋顶装了一台望远镜。通过望远镜，她观察到一颗疑似彗星的天体。科学家们最终认定这是颗彗星，它被命名为"米切尔小姐的彗星"。这一发现使米切尔享誉全球。她还绘制了更详细的天体图。

流星是落石

脑洞大开！

流星快速划过夜空，并在身后留下璀璨的光芒。大多数流星其实是小行星，是太阳系早期遗留下的物质，当它们进入大气层时，我们称之为"流星"（如果流星的碎片落在了地面或海洋，就被称为"陨石"）。流星看上去又大又亮，像恒星一样，但那是因为它们距离地球太近了。当它们以很快的速度穿过地球大气层时，与空气的摩擦使它们燃烧起来，留下了短暂却光辉的身影。如果你看见了绿色的光，那是转瞬即逝的氧等离子，你见证了它们以灿烂的方式走向"生命"的终结。

本章小结

我们为什么要关心太空岩石和冰冻天体？因为它们中的一员，即使很小很小，也可能对地球造成深远的影响。我想你一定对围绕着太阳运行的奇妙世界充满了好奇。太空学员们，这就是我们下一章的内容。

太阳系里有趣的"景点"——如果可以去

第17章

　在开始观察宇宙的初期，人们认为地球很特别。直到 16 世纪，大家都还认为地球是宇宙的中心。后来人们才知道，地球实际上是绕太阳公转的，其他 7 颗行星也是如此。1930 年，我们发现了古老的冥王星（它真的很小，比月球还小，而且非常古老）。随着望远镜的功能越来越强大，科学家想出了探索天空的新方法，他们开始发现更多围绕其他恒星运行的行星，仅开普勒望远镜就发现了 2 600 多颗系外行星。

　　然而，宇宙仍然有太多的未解之谜，包括我们身处的奇妙世界——太阳系。这些行星，以及它们的卫星，还有冥王星和无数绕太阳公转的天体，将成为你们和其他科学家在未来数十年里的研究对象。研究它们将帮助我们了解和欣赏自己的世界。

　　比如，我希望不远的将来，我们中的一些人能去火星上看看。如果那里值得研究，也许他们会建立起像南极科考站一样的研究基地。此外，我的大学老师卡尔·萨根教授在他的书中说道："如果我们的长期生存岌岌可危，我们就要承担起对人类的基本责任，那就是去其他世界里冒险。"

　　我们现在就来参观一下这些世界！

艺术家想象系外行星开普勒 62f（图里明亮的那颗）和开普勒 62e（图里的黑色圆盘）围绕其恒星开普勒 62 运行的画面，开普勒 62f 的表面可能是冰冻的海洋

行星

行星究竟是什么？行星必须绕太阳这样的恒星运动。行星还必须有足够的质量，才能在引力作用下，被挤压成圆球状。而且，行星必须有其独立的公转轨道（轨道内无其他天体）。与我们所说的"行星"不同，大多数小行星无法形成球体，因为它们的引力十分微弱。所以，小行星通常是形状不规则的古老岩石。虽然冥王星的引力足以使其维持圆球状，但因为体积小，它无法产生强大的引力吸引轨道上的其他物体。相比之下，传统意义上的行星能对周围的小行星和太空岩石产生足够的引力。在过去的数亿年里，它们的引力使轨道里的小行星和岩石落在它们的地面上。这些岩石物质成为行星的一部分。如今，天文学家将冥王星等天体称为"矮行星"。

水星

水星是最靠近太阳的行星，它很奇特。这颗岩态行星在形成数亿年后，体积不断缩小，表面留有长长的惊人褶皱。水星只比月球稍大一些，它表面的陨石坑比太阳系中的任何行星都多。虽然水星离太阳最近，但却不是温度最高的，因为它没有可以保温的大气层。也正是因为与太阳的距离最近，水星公转的速度比地球快得多。水星绕太阳公转一周的时间约为 88 个地球日。也就是说，如果你在水星上，每 3 个地球月就要过一次生日！但是，邀请人们来参加你的生日派对可能相当困难，因为水星上的温度让人难以忍受。由于水星自转速度缓慢，它面向太阳的一侧能吸收充足的热量，温度可达 400℃以上；而背向太阳的一侧，温度低至 –200℃。这样的温度不大适合办派对。水星也是太阳系中公转速度最快的行星，以每秒约 47 千米的速度在太空中运行。相比之下，海王星的公转速度就慢很多，每秒略高于 5 千米。多亏了"信使号"探测器，我们发现水星仍在持续降温和缩小。

金星

金星是距离太阳第二近的行星，与地球差不多大小。它的自转速度十分缓慢，而且与其他大多数行星的方向相反。金星上有火山、山脉和厚厚的大气层——是地球大气层的 90 倍。巨大的压力使你感觉仿佛置身于地球上深达 1 600 米的海底。金星的大气层（不是海洋，而是"空气"）甚至有潮汐。金星的空气里几乎全是二氧化碳，所以温室效应非常强烈，以至于表面温度可达 500℃，足以融化铅秤砣。这样的环境能使人瞬间毙命。我们之所以知道这一切，是因为先后有 40 艘航天器到访过这片"火热"的世界。其中的 35 次任务是在 2 000 年前开展的，5 次是在 2 000 年后执行的。虽然温度很高，金星上仍有一股神秘的强风，以超过 310 千米/小时的速度环绕金星。一些科学家认为，金星可能是第一颗表面有液态海洋的行星，但其高温大气层将海水全部蒸发到了空中。更重要的是，金星的空气里充满了硫酸。没错，未来的行星探险家们：金星上下着致命的酸雨。这真是个难以想象的星球！

> **"** 金星的温度太高了！如果你能亲眼观察它的表面，就会发现那上面的岩石像炉子里的加热器一样发光。金星上面的熔岩比太阳系的任何地方流淌得更远，熔岩流甚至比尼罗河还长。"
>
> ——*行星科学家 达尔比·戴尔*

> 66 地球为什么如此特别？我们为什么会在这颗星球上？这是我最关心的问题。我的日常都围绕着这个问题，我不知道我们能否得出一个详细的答案。"
>
> ——行星科学家 莎拉·斯图尔特

地球

你知道地球，你就在地球上。你也应该好好呵护它。但我们的家园是如何在这群行星的世界里发展起来的呢？还有些未解之谜。

未解之谜

地球究竟是怎样形成的？

我想你一定能很轻松地回答这个问题：引力和碰撞将气体和尘埃聚集在一起，形成一个大致呈球状的行星体。小行星和彗星不断撞击地球表面，随着时间的推移，这些物质使地球的形状越来越圆。或许并不完全如此。行星科学家莎拉·斯图尔特猜测，地球是由两颗行星在很久以前相撞而形成的。她认为这两颗行星都有陆地、海洋和空气，它们带着巨大的能量——足以匹配太阳的能量，撞在一起。撞击将它们完全摧毁，并产生了一团庞大的甜甜圈形状的云。温度不断下降的同时，引力使尘埃重新聚集，最终形成了一颗新的行星。

火星

火星的表面寒冷干燥，大气稀薄。如果你在火星参加田径比赛，一定能打破跳远的世界纪录，因为它的引力十分微弱。但你无法呼吸。对每位参赛选手来说，这显然是个挑战。而且，火星不只是"缺乏"氧气——事实上，它几乎没有氧气。这倒不是个新的世界纪录，毕竟其他行星上也没有氧气。但也不全是坏消息。比如，科学家已经在一些地方发现了沙子下面有水的证据，因此火星可能是建立科学基地的理想地点。我们仍在努力探究的一个问题是，生命是否在这颗红色星球上存在过——或者，依然存在着？大量证据表明，火星曾是个温暖潮湿的星球。但是，这种温度条件是否持续了很久，足以使微小的生命形式生息繁衍？它的海洋和湖泊是否足以支持微小生物的生存？这些问题吸引着我（我希望也吸引着你们），令我渴望将航天器和恰当的仪器送上火星，去寻找生命。

> 66 我们知道，火星曾经的环境可以维持生命。我们已经将探测器送去了曾经是湖泊的地方。你本可以在那里喝到水，而且生活得还不错。问题是，这样的条件持续了多久？"
>
> ——行星科学家 亚历山大·海耶斯

脑洞大开！

有人认为生命起源于火星

这是个疯狂的想法，但并非异想天开。火星也被小行星或彗星击中过。撞击将一块火星岩石射入一条长长的轨道，一路通向地球。这块岩石击中地球时，也带来了生命，我们都是火星人的后代。这是个急需调查的假想！如果得到证实，这将改变世界。年轻的科学家们，将这个想法加入你的任务清单，再接着听我说下去。

> **"** 木星有非常丰富的色彩，我们拍了许多木星的图像。也许不是所有人都知道这些图像的存在。你们可以在美国国家航空航天局的网站上看到这些图像！**"**
>
> —— *行星科学家 托马斯·纳瓦罗*

< 木星

　　木星是距离太阳第五远的行星，也是太阳系中体积最大的行星。即使太阳系中的其他行星加在一起，木星的体积仍是它们的两倍。木星上的 1 年相当于地球上的 12 年。木星被称为"气体巨星"，因为它的表面并非坚硬的岩石。但木星不完全是气态，也不是液态，更像是浓稠的糊状，而且温度高得惊人。科学家认为，木星核心附近的温度可能高达 24 000℃——甚至更高。这很奇怪，我知道。但在太阳系的偏远地带——至少以我们的标准来看确实很遥远，还有许多科学未解之谜。木星还有一个奇怪的现象：它至少有 79 颗卫星！伽利略·伽利雷在 1610 年时使用望远镜最先发现了 4 颗卫星：盖尼米得（木卫三）、卡里斯托（木卫四）、艾奥（木卫一）和欧罗巴（木卫二）。

< 土星

　　土星与太阳的距离排在木星之后，是另一颗气体巨星，它是由两种常见元素——氢和氦组成的大球体。土星是所有行星中密度最低的：假如宇宙里有个巨大的浴缸，就算你把土星扔进去，它也会漂浮在水面上。土星共有 7 层美丽的行星环，它们由不计其数的冰块和岩石组成。土星至少有 82 颗卫星，比木星还多！"卡西尼号"探测器绕土星飞行了近 300 圈，总共历时 13 年。多亏了它，科学家发现新的卫星正在土星环内形成。务必找台望远镜，或者向你的朋友借，你就能在晴朗的夜晚观察土星环。每一个看见它们的人都会大受震撼。不过，你得快点行动，因为这些行星环可能在 1 亿年后消失。

如果我能选择一项新任务的目的地，我可能会派一艘太空飞船去天王星或海王星，因为我们对它们知之甚少，它们有很多地方值得我们去探索。我们迄今为止发现的大多数系外行星都是'迷你'海王星，所以我认为通过研究冰巨星，我们就能加深对系外行星的了解。"

—— 行星科学家 克里斯塔·索德伦德

天王星

在天王星的云层中，科学家发现了一种叫作硫化氢的化学物质，闻起来像是臭鸡蛋的味道。不，这绝不是开玩笑，一点都不是。但这值得研究，因为天王星距离太阳 29 亿千米。这些化学物质是从哪儿来的？又是如何形成的？天王星是两大"冰巨星"之一——另一颗是海王星。天王星的内部有一个热源，而且它散发的热量约等于它从太阳吸收的热量。天王星的自转方式也与太阳系里的其他行星略有不同：地球的自转轴与太阳几乎呈直角；但从地球上观察时，天王星是向一侧倾斜的，所以它的自转轴刚好指向太阳，就像是"躺"在公转轨道的平面上一样。科学家认为，天王星在诞生初期，甚至在其卫星还没形成时，就被另一个巨大的物体"撞翻"，导致它斜向一边。天王星的直径大约是地球的 4 倍，它由水和其他的化学物质组成，最里层是个小小的岩石核心。天王星的确有大气层，但它不大可能形成生命，因为天王星上光线微弱，风很大，还很冷，而且，天王星上的冬季有 21 个地球年那么长。

"请不要再拿我们迷人而
独特的星球开玩笑了。"

——天王星居民

海王星

　　说到风大，太阳系中风最大的行星是海王星。海王星是一颗冰巨星，它距离我们非常遥远，是唯一一颗肉眼看不到的大行星。海王星直到 1846 年才被发现。它绕太阳一圈需要 165 个地球年。这意味着，如果你住在海王星上，你甚至连一个生日派对都举行不了。海王星上的风速堪比战斗机。虽然海王星上也没有足够的氧气支持蜡烛燃烧甚至人类呼吸，但海王星上有氢气，至少提供了产生水的一半原料。

冥王星

　　严格地说，冥王星已经不是行星了，因为它的个头太小了，而且引力也很微弱。但最近一次对冥王星的探索发现，在这个遥远的星球里，有很多科学奥秘。冥王星的确很小，但它的大气层含有氮气，地表还有巨大的冰川、高耸的冰山、冰冻的平原和红色的雪。同其他大大小小的行星一样，冥王星自形成以来，也一直遭受太空岩石的撞击，但它的表面并没有大量的陨石坑。冥王星不再是传统意义上的"行星"，相反，它可能是人们发现的首颗"类冥矮行星"——这是一类全新的天体，在海王星轨道外甚至更远的距离上围绕太阳公转，且有足够的引力维持球状。我得承认，我喜欢"类冥矮行星"这种说法，它能帮助我们了解太阳系的全貌。

　　► 如果你将足够多的气体和尘埃塞进一个足够小的空间，它们将在引力的作用下聚集成球体。我们的太阳是一个球体。大行星和卫星也是球体。大多数小行星没有足够的质量或岩石，所以引力无法使其形成球体。它们的形状通常不规则，探测器很难着陆。虽然冥王星的质量足以使其成为球体，但当我们设法将"新地平线号"探测器发射到冥王星时，它的飞行速度太快，以致与冥王星"擦肩而过"而没有着陆。无论如何，冥王星很特别，以它自己的方式特别着。

卫星

▶ 近几十年来，人们越来越清楚地意识到，太阳系里最有趣、最复杂的并非那些行星，而是围绕行星和小行星运行的卫星。

欧罗巴（木卫二）

在欧罗巴的表面冰壳下，藏着一片深邃的地下咸海。有证据显示地下海洋可能深达100千米，但因为冰壳的厚度有几千米，所以我们并不能确定。由于欧罗巴不断受到木星引力的挤压和拉伸，海洋得以保持温暖，因此也是液态的。为什么我们对欧罗巴如此感兴趣？因为那里有温暖、深邃的咸海，也经历了漫长的时间——45亿年，这些是生命发展和变化的条件。欧罗巴也许是水生外星人的家园。

恩克拉多斯（土卫二）

虽然恩克拉多斯（土卫二）只是土星的第六大卫星，但它是以希腊神话中的巨人名字命名的。恩克拉多斯是一颗非常遥远的神秘卫星。它的冰冻表面布满了间歇泉，不断向大气喷射大量的水汽和冰，这说明冰层下藏着海洋。科学家认为，这颗卫星的冰面下可能有海底热泉——和地球上将高温矿物质注入海水的海底热泉是一回事。在地球上，海底热泉附近有生命繁衍生息，恩克拉多斯的水中是不是也可能存在类似的生命形式呢？我们一起设计、建造并发射太空飞船去那里看看吧！

艾奥（木卫一）

木星的卫星艾奥（木卫一）是以希腊神话中的一位年轻女士的名字命名的。在神话故事里，这位年轻的女士被变成了一头牛。艾奥上有数百座火山，是太阳系中火山活动最活跃的天体，有些火山喷出的熔岩喷泉有数十千米高！艾奥的地表还分布着许多熔岩湖，但似乎没有水，因为温度太高了。

泰坦（土卫六）

如果你在土星的卫星泰坦表面漫步，你会看到云、雨、河流、湖泊、海洋、波浪、海岸线和沙丘。泰坦的大气层很厚，引力很微弱。泰坦的河流里是乙烷和甲烷，并不是水。泰坦的表面可能有外星生命吗？在我写这本书的时候，科学家计划于2026年向泰坦发射"蜻蜓号"探测器，它将于2034年左右抵达。这艘探测器有8个螺旋桨，所以它不是"四轴飞行器"，而是"八轴飞行器"。这太惊人了！

"我们生活在一个特殊的时代。接下来一系列针对恩克拉多斯的探测任务，并不是为了确认那里是否曾有过生命，而是看看那里现在是否有生命。"

——行星科学家 亚历山大·海耶斯

试试这个！

运动，热量，卫星！

必需品：

自行车打气筒
需要打气的自行车轮胎

怎么做：

1. 如果轮胎还不够瘪，再放出一些气（放出的气越多，就越能察觉到这种影响）。
2. 将手放在打气筒的底部，并感受它的温度。
3. 将打气筒连在气门上给轮胎打气。
4. 再次感受打气筒的温度——温度更高了。

结果：打气筒的温度会升高，这是因为向下压活塞时，运动的空气分子被挤压在筒底小小的空间里，它们撞击筒壁的动能转化成了热能。木星的卫星在运行中也受到木星引力的挤压，这使卫星上的海洋保持温暖。

请注意，打气筒不是因为活塞上下运动而升温的，而是分子在缩小的空间里剧烈运动导致温度升高。你不信？在不连接气门的情况下，试着空打几十次气，直接让泵出的气体进入周围的空气里。打气筒的温度几乎不变。

哎呀

太阳的未来

"太阳正以每年2.5厘米的速度膨胀，再过2亿年，它将变得非常巨大和明亮，温度也将高得使地球无法维持生命。到那时，我们不得不搬去火星或其他星球。"

—— 天体物理学家 J.J.埃尔德里奇

这些是环环相扣的！

一起学习行星科学吧！

行星科学也许集合了最多领域的科学家。为了认识那些遥远的世界，我们需要天文学家去发现它们，也需要天体物理学家告诉我们如何到达那里。海洋学家也很重要，因为某些天体上有海洋。化学家和地球化学家能分析它们的成分。我们还需要地质学家、地球物理学家和火山学家告诉我们，它们的表面发生了什么。更不用说发明仪器的工程师和开展研究的机器人了。在行星研究中，每门科学都在发挥作用！

月球

距离我们最近的"邻居"还藏着一些秘密。研究月球的科学家被称为"月球学家"。高悬夜空的圆月到底是什么？月球有一个坚硬的内核，外面包裹着流体层，再往外是地幔和地壳——有点像地球，但不完全一样。在地球上，地壳分成了许多板块。有些板块正缓慢地扩张，而另一些则相互挤压。相比之下，月球的地壳就是一整块巨大的外壳，好像鸡蛋一样。这很奇特，但也很重要，因为这个坚硬的外壳能为我们提供月球内部的线索。月球学家需要这些线索。当然，有宇航员去过月球，人们还在它周围发射了探测器，已经有100多台机器人和探月车登陆月球。即便如此，月球仍有许多未解之谜。我的月球学家朋友汤姆·沃特斯告诉我："月球还有许多地方值得我们去了解。"

月球的背面永远照不到太阳吗？这种说法是错误的。月球的自转周期与公转同步，因此始终以同一面朝向地球，我们在地球上无法看到它的"背面"。实际上，月球背面也有白天和黑夜，只有使用探测器上的照相机，地球上的我们才能够看到月球的背面。

太阳系探险记

"科学达人"在月球

➤ 对，我"去"过月球，但并非像宇航员那样亲自登上月球，而是参加了美国国家航空航天局的一项实验。在实验中，科学家用激光技术将一期《比尔教科学》节目的数字影像传输到月球，再利用宇航员在月球上安装的反射器，将数字影像反射回地球上的接收站。对我来说，这太酷了！

科学家正努力寻找一种更好的方式来增强地球和月球之间的通讯，为将来在月球建设基地做好准备。虽然激光发送信息的速度不如无线电波快，但它的频率大约是航天器无线电频率的100倍（参见第9章中关于光的知识）。因此，激光能传输更多的信息，包括信息量巨大的科普节目！

建造月球基地

我们可以将月球基地用作发射平台，进而去太阳系的任何地方执行探索任务。比如，前往火星的宇航员在月球基地稍作停留，补充物资，甚至换乘另一艘太空飞船。整个任务完成起来可能会更加安全，而且与直接飞往火星相比——沿着弧形轨道飞行，成本也不会高出多少。月球基地还需要安排到访者的衣食住行，但我们不能随便选个地方露营。月球表面可能随时随地受到太空岩石的撞击，并被强大的宇宙射线——来自外太空的高能粒子击中。所以，"月亮旅店"必须有能力保护它的住客。下面这两个地点可能是建设月球基地的好位置，因为它们可以避免上述一些危险。

月球上的第一个脚印（美国国家航空航天局阿波罗 11 号，1969 年 7 月 20 日）

2. 在月球表面

我知道，这听起来似乎很糟糕。岩石和粒子一直撞击月球表面，我们当然不希望宇航员或太空游客被击中。所以有人提出，先将施工机器人和建筑材料送上月球，搭建出生活空间，再用岩石和尘埃铺盖在表面。这会有多难（或者，要花多少钱）？

岩石覆盖层

我们将卫星或行星岩石的表层称为"表岩屑"，意思是覆盖在岩石表面的疏松层。

艺术家通过 3D 打印构建了未来月球基地的模型

1. 在熔岩洞里

月球曾是个活跃的火山体。沸腾的熔岩从寒冷的地壳下方向上涌出，并流遍整个月球表面。大多数证据表明，月球上重大的火山活动大约在 10 亿年前就停止了。无论是在夏威夷还是在月球，当熔岩流表面冷却为固体，而液态的熔岩从下面流走时，熔岩洞就形成了。在月球上，熔岩流的表面暴露在冰冷黑暗的太空中，所以能很快凝固。被熔岩流冲过的地表和冷却的熔岩流表面，一同构成了中空的地下洞穴。选择其中一个建造月球基地，宇航员就能免受太阳耀斑、宇宙射线和太空岩石的伤害。任务规划者还必须确保被选中的熔岩洞不会经常发生月震（就像地震一样，只不过月震发生在月球上），所以一定要细心再细心！

我们可以在"月亮旅店"表面堆上一层厚厚的表岩屑，提供额外的保护。你还得选择一个不常发生月震的地方，那可能就是你的基地。

地球升起（1968 年 12 月 24 日，阿波罗 8 号宇航员在首次载人绕月航行任务中拍下了这张照片）

未解之谜

月 球 小 课 堂

1. 月球在缩小吗？

在诞生的早期，这颗由岩石和尘埃组成的星球表面遍布滚烫的岩浆，仿佛沸腾的"火球"。后来，月球的温度逐渐降低，与此同时，月球也在不断缩小。如果月球的确在缩小，那么地壳上应该全是裂缝，就像你在第 13 章末尾烤过的饼干一样。近年来，科学家开始发现越来越多的裂缝，这表明月球现在可能仍然在不断缩小。

2. 什么引起了月震？

宇航员在月球上安装了传感器，用以检测偶尔发生的月震。一些月震使月球表面发出隆隆声，这令科学家们有些担心：我们将如何在月球上建造安全的基地？月震是由什么引起的呢？月球表面并没有扩张或挤压的板块，也没有渗出的岩浆。会是地球引力的原因吗？这和月球表面的裂缝有关吗？还是因为陨石呢？或者上述统统都是呢？快找出答案吧！记得通知月球学家哦！

试试这个！

发现卫星

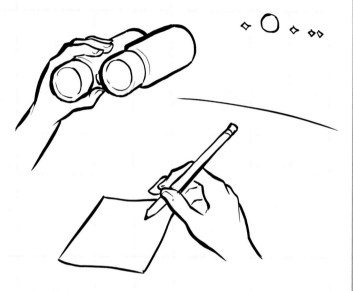

必需品：

望远镜

纸

铅笔或钢笔

怎么做：

1. 在晴朗的夜晚，使用望远镜观察木星。

2. 把你看到的画出来。

3. 4小时后再来观察，并画出看到的景象。

结果：你将看到非常明亮的木星，以及它周围的几个亮点——那是木星的卫星：卡里斯托（木卫四）、艾奥（木卫一）、盖尼米得（木卫三）和欧罗巴（木卫二）。仅仅使用一架小型望远镜，你无法准确地一一对应，但你能看到卫星在短短几个小时内就变换了位置。著名的意大利天文学家伽利略·伽利雷就是这样研究木星的卫星。一开始，人们并不相信其他行星也会有卫星。但它们的确有，而且有很多。

> 66 我们将前往太阳系的其他行星，也许就在本世纪。积极地参与这项工程，并且成为未来的新探险家——还有比这更吸引人的吗？你甚至不必成为科学家。你可以在外太空当个律师，或者是其他星球上开发新食物的负责人。无论你做什么，它都有利于理解和探索宇宙。"
>
> —— *行星科学家 托马斯·纳瓦罗*

本章小结

当然，如果发现外星生命，或者在太阳系的其他地方建造基地，对你的吸引力还不够大，我可以给你多提供几个研究课题。这些课题涵盖了宇宙中最奇怪的问题和最大的谜题，从时间的开始一直延伸到宇宙的尽头，十分宏大。

第18章

宇宙学、天体物理学和一些尚未解开的宇宙之谜

➤ **我们即将进入一个宏大的世界——宇宙。** 那是世间最宏大的事物，距离无限仅几步之遥。恒星和星系怎样诞生，经历了什么变化，为何相互碰撞，以及在宇宙中如何运行，都是宇宙学的研究领域。

无论是将书本推到桌子对面，还是恒星撞在一起，都和牛顿提出的"运动三定律"息息相关。惯性、力、作用力和反作用力——这些定律也掌控着宇宙万物，但牛顿受苹果树启发而提出的"万有引力定律"在宇宙运动中却表现出局限性。如果你想预测宇宙中任何物体的运动，那得运用阿尔伯特·爱因斯坦的引力观——广义相对论，它在宇宙中极其适用。这个宇宙游戏里有各种奇奇怪怪的"玩家"。

哈勃太空望远镜拍下了麒麟座 V838 爆发的过程

< 恒星

当然，我们都知道恒星——太阳就是一颗恒星。在恒星的内部，经常会发生由氢和氦等原子参与的核聚变反应。在反应过程中，这些原子受引力吸引而越靠越近，最终碰撞在一起。碰撞释放出的能量，经历了数个复杂的天体物理学反应后，使恒星发出光芒。此外，恒星也在引力挤压下形成球体（不是完完全全的球体，因为它们一直在旋转，所以略有些扁圆，就像我们的地球一样）。

恒星在宇宙中发出怎样的光？没错！I ROY G BIV U（参见第9章）。说起最后的U，别忘了防晒霜和墨镜。小心被高能的不可见紫外线晒伤。

< 星系

当引力将数十亿颗恒星聚集在一起时，就形成了星系。然而，大多数星系并不是独立存在的。引力悄悄地将它们和附近的其他星系联系在一起。巨大的星系群可能是更大的星系团的一部分。这些星系团再融合成超级星系团。地球位于银河系，银河系是本星系群的一部分，而本星系群则是一个更大的超星系团——拉尼亚凯亚的成员。

星系演化探测器（Galex）在紫外线下看到的旋涡星系 M81

你的宇宙地址

如果你在宇宙里迷路了，一个友好的外星人提出帮你写信寄给家人，请记住收件地址。

20 cents

拉尼亚凯亚
本星系群
银河系
太阳系
地球

所有外星人都能看懂。顺便说一句，在夏威夷语中，拉尼亚凯亚的意思是"巨大的天堂"。

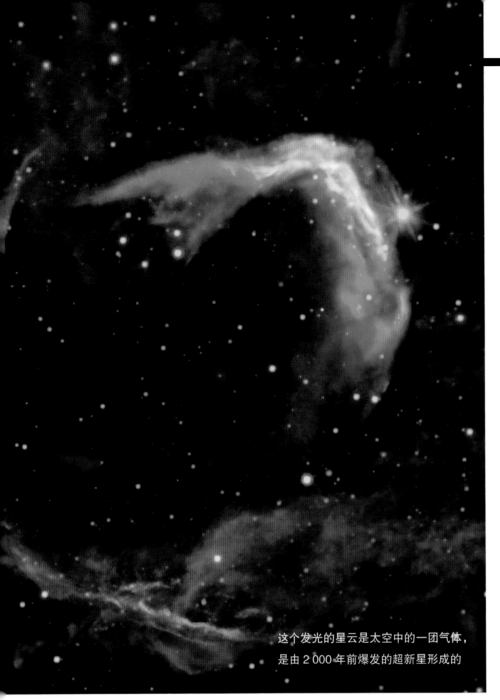

< 超新星

当汽车耗尽汽油时，或者当电动车的电量不足时，发动机将停止工作，而汽车也无法继续行驶。恒星也需要"燃料"来发光发热。通常情况下，一颗恒星能释放足够的能量来抵抗向内拉动的引力，所以发出的光芒才能如此美丽、稳定和闪耀。

当一颗恒星耗尽燃料时，它将无法产生足够的热量和光，引力就会"占据上风"，并将恒星越挤越小。如果这颗恒星的质量是太阳的8倍，那么它的内部，即核心，将会缩成一个非常小的球体。恒星的能量被快速吸进这个小小的球里——速度非常快，以至于恒星的外层向外抛散。恒星将剧烈爆炸，向宇宙释放出大量的光和粒子。我们称之为超新星。借助非常灵敏的望远镜以及通过全球协作，天文学家每月都能在宇宙深处发现大约15颗超新星。

这个发光的星云是太空中的一团气体，是由 2 000 年前爆发的超新星形成的

黑洞 >

引力从四面八方对恒星产生向内的吸引力，但当恒星无法平衡这种力量时，就会发生坍缩。恒星将变成漆黑的看不见的物体，就像太空中的一个洞。黑洞能吸收靠近它的一切物质，它的引力强大到连光都无法逃逸。通过测量来自其他恒星的光线如何被黑洞的引力扭曲，我们就能找出外太空中黑洞的位置。在最大的黑洞里，隐藏的物质的质量是太阳的 100 亿倍，甚至更多。

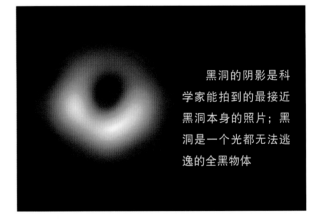

黑洞的阴影是科学家能拍到的最接近黑洞本身的照片；黑洞是一个光都无法逃逸的全黑物体

巨大的椭圆星系 NGC 1316 深处隐藏着一团团宇宙尘埃

∧ 尘埃

当恒星爆炸时，微小的粒子会分散在整个宇宙。引力使分散的原子重新聚集在一起——引力在宇宙中的任何地方，对任何物体都起作用——我们于是有了新的恒星，新的行星，新的小行星和彗星，对了，还有更多的尘埃。如今，宇宙里遍布新诞生的恒星以及古老恒星留下的尘埃。不过，因为太空中的灰尘太多了，所以我们无法看清银河系的大部分，即使是非常晴朗的夜晚。

天体物理学探险记

几个世纪以来，科学家们一直在研究超新星，但新的超新星总是不断出现。2011 年，10 岁的加拿大女孩凯瑟琳·格雷发现了一颗超新星。这颗特殊的超新星距离地球 2.4 亿光年，位于鹿豹座。

> "我想成为一名天体物理学家，因为我喜欢研究宇宙。它是如此浩瀚，我研究得越多，就越意识到对那里发生了什么一无所知。我的朋友们总说我很聪明，他们觉得我知道宇宙的一切。但我想，作为科学家，我们已经意识到我们实际上什么都不知道。这就是我喜欢宇宙的原因之一。"
>
> —— 天体物理学家 玛吉·刘

① 宇宙中的大部分物质是不可见的。

你每天在身边见到的东西——你的房间,你吃的食物和穿的袜子,它们对你十分重要。如果你仰望夜空,将看见无数的恒星和行星,它们也很重要。但比起浩瀚的宇宙,这些恒星和行星其实只是其中的一小部分,还有更多的是你看不到的。正如我之前说过的,宇宙中大量的可见物质只是我们难以看到的尘埃。但是,即使将这些难以看到的尘埃,以及所有行星和亿万颗恒星加起来,离隐藏在宇宙中的物质总量还差得很远。据估计,人类只能看见宇宙中 5% 的物质,其余的就是我们现在所称的"暗物质"。这种奇怪的物质对星系有足够的引力,所以我们知道它们的存在。但除此之外,我们对暗物质一无所知。当你成为一名天体物理学家时,也许就能明白暗物质究竟是什么。

在环绕地球的轨道上运行着两台神奇的仪器——哈勃太空望远镜和钱德拉 X 射线望远镜。天文学家通过它们已证明,宇宙中有许多我们看不到的物质,它们的引力很强。当星系碰撞时,仪器就能检测到这些引力。

② 当你向上看时,你看到的是过去。

我知道,我知道! 在第 9 章里,我们就讨论过这个问题。我们在夜空中看到的银河系,光或许传播了数亿年才到达我们的眼睛或望远镜镜头里。在这个过程中,银河系中的某颗恒星可能已经燃尽或爆炸了。或者,我们看到的正是这颗恒星燃尽并爆炸发出的光。太神奇了!

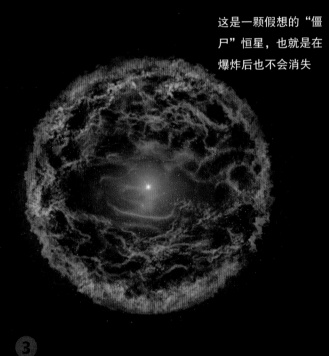

这是一颗假想的"僵尸"恒星,也就是在爆炸后也不会消失

③

总有一天恒星会停止发光。

宇宙在膨胀,而且速度越来越快。我们的银河系也在移动。总有一天,夜空中的恒星将离我们越来越远,移动得也越来越快,以至于它们的光再也到不了地球。当然,这不会在明天发生,甚至不会在 100 年、100 万年或者 1 亿年后发生。但它会在遥远的未来,在某个时刻发生。有些人对这一发现感到不安。而其他人,包括我,则认为这很酷(我希望你也这样想)。我们是更宏大的事物——宇宙的一部分。所以我们的生存,也是宇宙运行的一个环节。

试试这个!
暗物质解密

必需品:

两个带盖子的玻璃罐
硬币
水

怎么做:

1. 在每个玻璃罐里放些硬币。
2. 向其中一个玻璃罐里倒水,直至与罐口齐平。
3. 拧紧这两个玻璃罐的盖子。
4. 后退几步。
5. 请你的朋友同时将这两个罐子倒过来。
6. 观察硬币如何运动。

结果:空罐子里的硬币和装满水的罐子里的硬币,它们的运动方式一样吗?当你后退几步研究这两个罐子时,它们看上去并没有太大的不同。从远处看去,我们并没有注意到哪个罐子里有水。同样,天体物理学家也看不到暗物质。但我们知道其中一个罐子里装满了水(因为是你将它装满的……)。如果仔细观察,你就会发现这两个罐子里的硬币运动方式是不一样的。就像天体物理学家相信宇宙里一定有暗物质存在,因为遥远的星系正以我们意想不到的方式运动着。

试试这个！

手机模拟脉冲星闪光频率

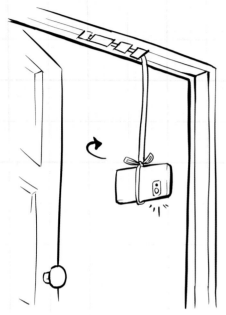

必需品：

开着手电筒功能的手机

细绳

胶带

门廊

怎么做：

1. 将手机绑在绳子上（就像给生日礼物系丝带一样打个结）。
2. 用胶带固定在门上。
3. 放开手，让手机吊在绳子上旋转。
4. 站远一点，数一数（比如说，每10秒钟），你看见了多少次闪光？

结果：想象一下，你看见的闪光就像脉冲星发出的能量束。

酷炫科学家

约瑟琳 · 贝尔

20世纪60年代，当英国天体物理学家约瑟琳·贝尔还是名学生的时候，她就帮助导师建造了一架十分特殊的望远镜，可以接收来自宇宙深处的无线电波。她惊讶地发现，其中一些电波具有高度规律性。起初，贝尔怀疑这是遥远文明发出的无线电信号。是不是外星人通过无线电脉冲向我们递了张纸条，就像是宇宙版本的摩斯密码——上面全是点和破折号的那种？好吧，显然不是。后来，贝尔意识到自己发现的是一种全新的天体（其实它存在了很久很久）——一颗恒星在快速坍缩的同时，产生了高能无线电波和光。这类恒星朝一个方向重复闪光，而不是在所有方向均匀发光。而且，它还在旋转。从地球上观察这类恒星时，我们发现它的辐射是一系列不间断的闪光或脉冲，所以我们称之为"脉冲星"。这是项意义重大的发现，许多人认为，贝尔博士应当凭这项发现获得诺贝尔奖。在论文发表多年后，贝尔荣获"基础物理学特别突破奖"，并被奖励300万美元。

两台 LIGO 探测器之一

黑洞之争

天体物理学家使用各种工具来研究宇宙是如何运行的。我最喜欢的是"激光干涉引力波天文台",简称 LIGO。美国"激光干涉引力波天文台"有两架探测器,分别建在相距 3 000 千米的美国路易斯安那州与华盛顿州。这两架巨大的探测器均呈 L 形,臂长可达 4 千米。它们的灵敏度极高,可测量空间和时间上的"涟漪"。

爱因斯坦预言引力能扭曲空间,他还预言了一些奇怪的效应。根据他的想法,重大的宇宙事件,比如两个黑洞相撞,将在各个方向产生超强的引力波。这些引力"涟漪"就像海浪穿过海洋一样辐射到整个宇宙。它们以纯能量的速度——光速——在宇宙中飞行数亿年,甚至数十亿年。这些引力波将带来什么影响?没多大影响。你一点感觉也没有。因为引力波即使再强烈,也依然是引力(详见第 11 章)。所以,它们的能量可能非常微弱——少量能量传播开后将变得更加微弱,以至于很难被探测到,更不用说测量了。

科学家于 2001 年完成了首个 LIGO 的建造,旨在捕捉任何微小的运动,以帮助科学家识别穿过宇宙直达地球的引力波。多年来,他们耐心等待着,并通过不断调整和改进提高了仪器的灵敏度。如今,即使小至质子直径万分之一的变化,都能被该系统精确地察觉。2015 年,LIGO 系统首次发现了黑洞碰撞产生引力波的证据。爱因斯坦的疯狂想法是正确的。谁知道这项发现今后会带来什么呢?

艺术家将引力波和光想象成两颗绕轨道运行的中子星合并,左边图像显示了碰撞附近的时空是如何扭曲的

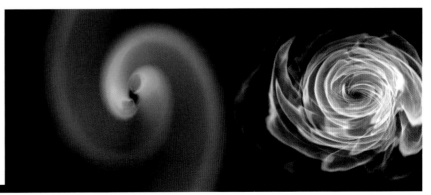

1. 暗能量是什么？

天体物理学家提出了一个很奇怪的观点：宇宙正被一股神秘的力量越推越远。科学家多年来一直坚信，引力使物体聚集在一起，这减缓了宇宙的膨胀。引力对遥远的星系产生吸引，至少阻止它们相互远离。但宇宙中不只有引力——似乎有股力量在与引力抗衡，没人知道那是什么，也不知道它的作用原理。我们暂且称之为"暗能量"。把它也添加在你的探索任务清单里吧！

在大爆炸发生很久之后，宇宙仍在加速膨胀。是因为暗能量吗？

2. 黑洞的中心是什么？

天体物理学家对黑洞有了惊人的发现。他们已经知道了黑洞如何形成，如何运行，以及如何吞噬恒星。但仍无人知晓黑洞深处在发生什么——那里能吸收一切物质和恒星发出的所有光。黑洞的中心能否在某个时刻与宇宙的其他部分相连？黑洞太奇怪了，甚至有点像荒诞的科幻小说。你愿不愿意研究黑洞？如果黑洞真的与时间旅行相关，请回到我写这本书的时候，告诉我答案，让我分享给其他读者和时间旅行者。

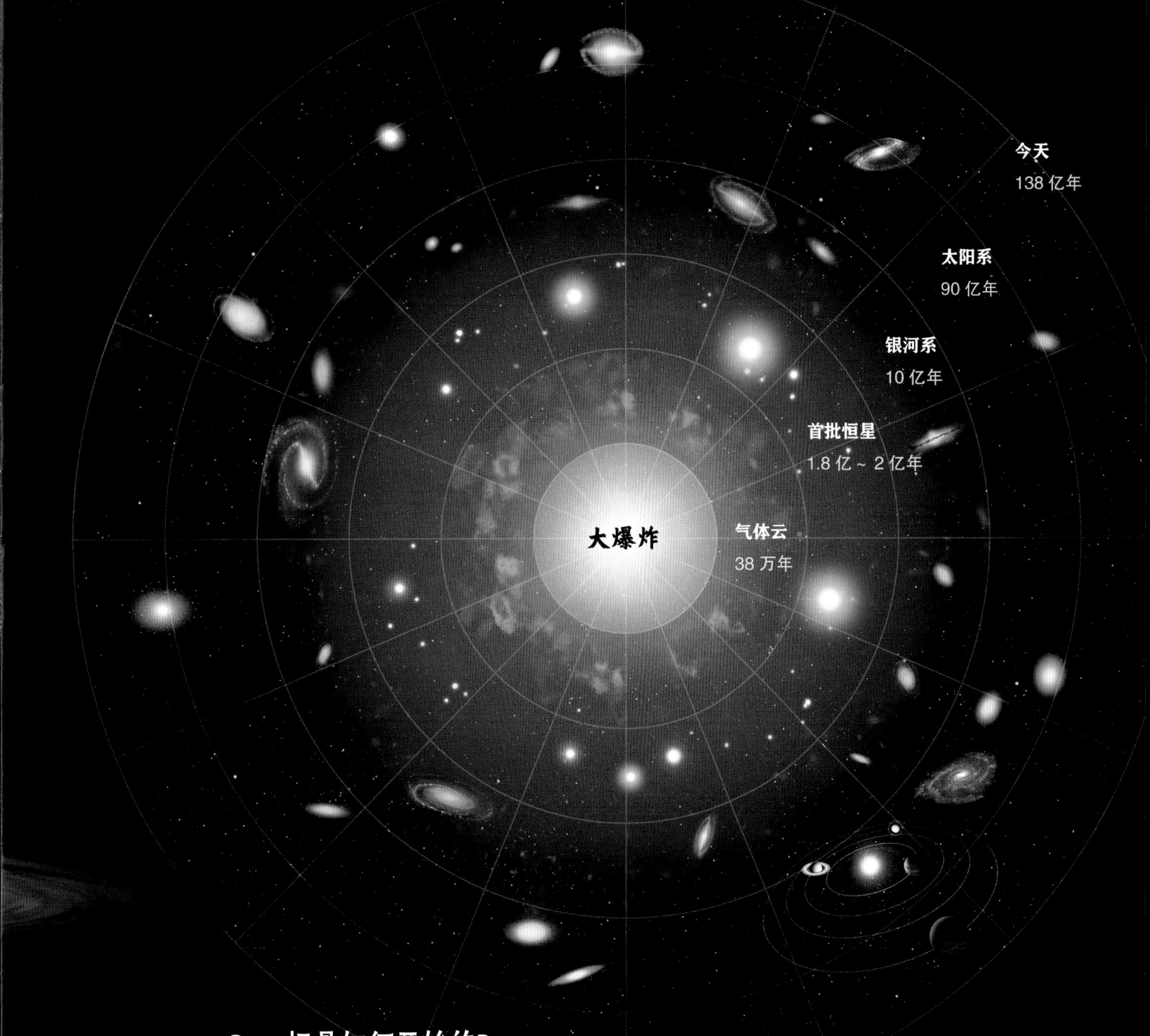

今天
138 亿年

太阳系
90 亿年

银河系
10 亿年

首批恒星
1.8 亿 ~ 2 亿年

大爆炸

气体云
38 万年

3. 一切是如何开始的？

既然已经到了"终点"，我们不妨回顾"起点"——一直到时间的最开始。宇宙是如何诞生的？科学家认为，宇宙始于大约 138 亿年前的一次大爆炸。不仅如此，天文学家还认为，因为所有物质分布得相当均匀，除了我们所在的宇宙，也许还有其他宇宙，但这个宇宙是我们唯一能够探测并不断研究的。还记得我说过的"能量不能被创造或消灭"吗？宇宙现存所有的能量从一开始就存在，它们挤在一个小小的点里——比针尖还要小得多。"大爆炸理论"一直令我百思不得其解。一切真是这样开始的吗？如果你解开了我在书里列出的其他谜题，并且拯救和改变了世界，也许这是你下一个要挑战的难题。或者，你也可以从解决这个难题开始。

元 素 周 期 表

的奥秘

大结局

➤ 我已经把我知道的都教给了你，更重要的是，你学会了观察、倾听和思考身边的世界，就像科学家一样。

以下是一条重要的建议：保持好奇心。

或者，与其说这是条建议，倒不如说是个请求和期望。我们中的一些人，可能在成长的过程中失去了好奇心。我们会形成思维定势，不再对任何新事物感到好奇，也不愿探索新课题和新领域。我希望你别这样。多问些关于周围世界和遥远恒星的问题。思考，思考，再思考。从现在起，时刻做个充满好奇心的人，即使你的**端粒** * 在不断缩短。世界上总有奇异的事物等着你发现，也总有充满了好奇心的人，和他们交朋友，一起改变这个世界吧！

* 我们竟然没有讨论过**端粒**？哎呀，我忘了！不过，孩子们，你们已经是科学家了，试着自己寻找答案吧！